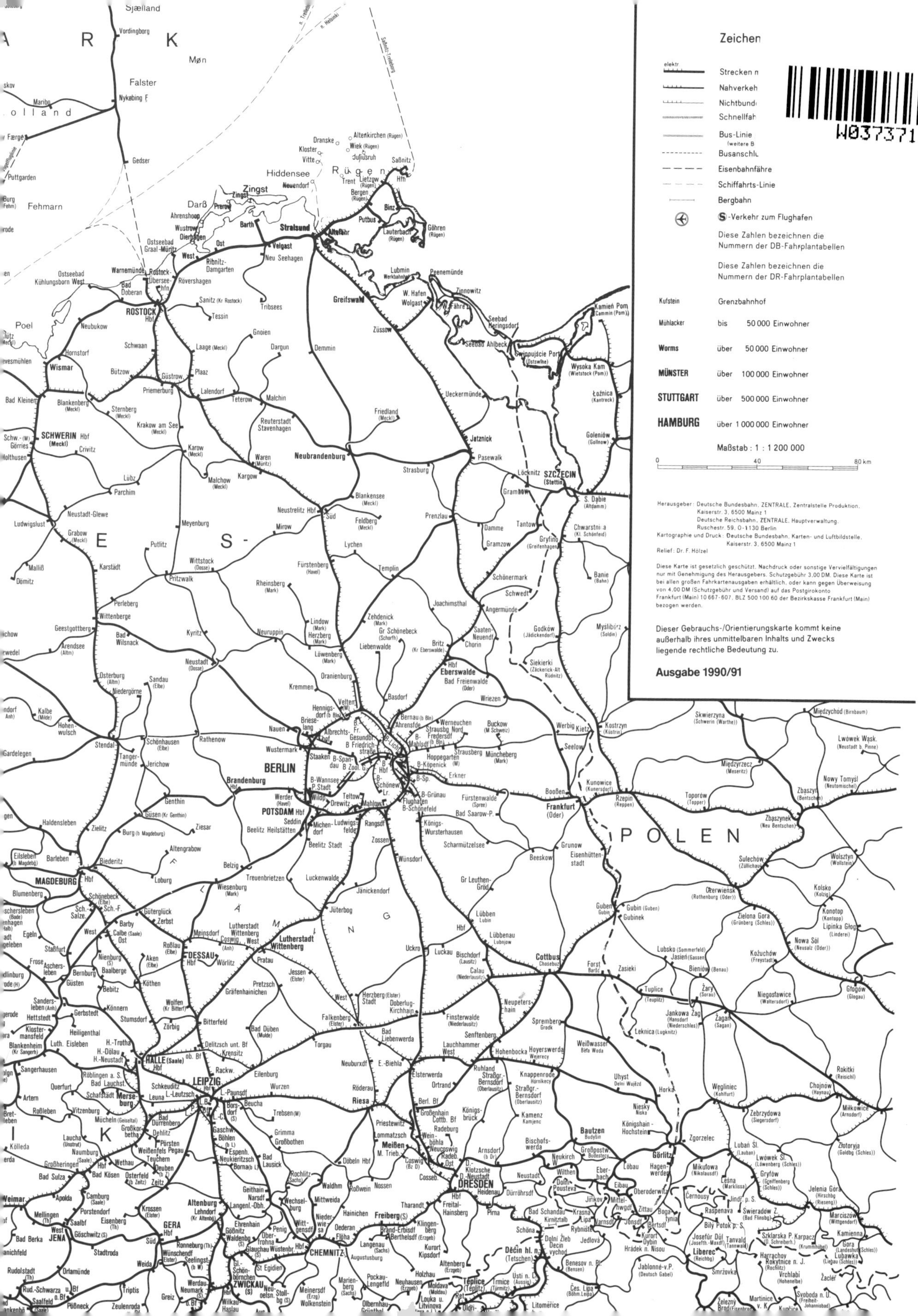
Zeichen
Strecken m
Nahverkeh
Nichtbund
Schnellfah
Bus-Linie
Busanschlu
Eisenbahnfähre
Schiffahrts-Linie
Bergbahn
S-Verkehr zum Flughafen
Diese Zahlen bezeichnen die Nummern der DB-Fahrplantabellen
Diese Zahlen bezeichnen die Nummern der DR-Fahrplantabellen
Kufstein
Grenzbahnhof
Mühlacker
bis 50 000 Einwohner
Worms
über 50 000 Einwohner
MÜNSTER
über 100 000 Einwohner
STUTTGART
über 500 000 Einwohner
HAMBURG
über 1 000 000 Einwohner
Maßstab : 1 : 1 200 000
0
40
80 km
Herausgeber: Deutsche Bundesbahn, ZENTRALE, Zentralstelle Produktion, Kaiserstr. 3, 6500 Mainz 1
Deutsche Reichsbahn, ZENTRALE, Hauptverwaltung, Ruschestr. 59, O-1130 Berlin
Kartographie und Druck: Deutsche Bundesbahn, Karten- und Luftbildstelle, Kaiserstr. 3, 6500 Mainz 1
Relief: Dr. F. Hölzel
Diese Karte ist gesetzlich geschützt. Nachdruck oder sonstige Vervielfältigungen nur mit Genehmigung des Herausgebers. Schutzgebühr 3,00 DM. Diese Karte ist bei allen großen Fahrkartenausgaben erhältlich, oder kann gegen Überweisung von 4,00 DM (Schutzgebühr und Versand) auf das Postgirokonto Frankfurt (Main) 10 667-607, BLZ 500 100 60 der Bezirkskasse Frankfurt (Main) bezogen werden.
Dieser Gebrauchs-/Orientierungskarte kommt keine außerhalb ihres unmittelbaren Inhalts und Zwecks liegende rechtliche Bedeutung zu.
Ausgabe 1990/91
W0373710
POLEN
Rügen
Hiddensee
Zingst
Fehmarn
Falster
Møn
Sjælland
ROSTOCK
Stralsund
Greifswald
SCHWERIN Hbf
Wismar
Neubrandenburg
SZCZECIN (Stettin)
BERLIN
POTSDAM Hbf
Brandenburg
Frankfurt (Oder)
MAGDEBURG
DESSAU
Lutherstadt Wittenberg
Cottbus
HALLE (Saale)
LEIPZIG
DRESDEN
CHEMNITZ
ZWICKAU
GERA
JENA
Weimar
Görlitz
Bautzen
Meißen
Riesa
Liberec
Děčín hl. n.
Teplice

Verabschiedung 29.10.98

Wolfgang Fiegenbaum
Wolfgang Klee

Abschied von der Schiene

WOLFGANG FIEGENBAUM
WOLFGANG KLEE

Abschied von der Schiene

Stillgelegte Bahnstrecken im Personenverkehr Deutschlands 1991–1995

Motor
buch
Verlag

Einbandgestaltung: Nicole Lechner

Titelbild: Letzter Betriebstag in Tribsees, dem Endpunkt der Kursbuchstrecke 168 aus Velgast.
(Foto: Gerhard Bank)

Rücktitel: Am 3. 4. 1993 wird der 8824 von Aue nach Blauenthal (Kursbuchstrecke 524) ausnahmsweise von der Dampflok 86 1001 befördert.
(Foto: Tino Eisenkolb)

ISBN: 3-613-71057-9

1. Auflage 1997

Lektor: Claus-Jürgen Jacobson
Hersteller: Viktor Stern
Reproduktion: Repro Schmid, 70469 Stuttgart
Druck: Maisch & Queck, 70839 Gerlingen
Bindung: Heinrich Koch, 72072 Tübingen
Printed in Germany

Vorwort

Beginn des ICE-Verkehrs auf neuen Hochgeschwindigkeitsstrecken, Reaktivierung einst durch den Krieg zerrissener Magistralen, Zusammenführung von Bundesbahn und Reichsbahn zur Deutschen Bahn AG: Die Jahre 1991 bis 1995 werden als ein wirklich außergewöhnlicher Abschnitt in die deutsche Verkehrsgeschichte eingehen. In dieser Spanne hat der Schienenverkehr so fundamentale Veränderungen erfahren wie kaum jemals zuvor in einem vergleichbar kurzen Zeitraum. Veränderungen zum Besseren, wohlgemerkt.

Das weitreichendste – wenn auch nicht spektakulärste – Ergebnis dieses Jahrfünfts aber ist der Beschluß zur Regionalisierung des Schienennahverkehrs. Der Regionalisierung, obwohl fern aller Sensationsmeldungen und vom normalen Reisepublikum zunächst kaum zu spüren, kommt eine herausragende Rolle schon deshalb zu, weil der Nahverkehr inzwischen fast die Hälfte des Gesamtumsatzes der Deutschen Bahn AG erbringt. Ziel der Regionalisierung ist es, durch eine Verlagerung der finanziellen Verantwortung vom Bund »nach unten« – also auf die kommunalen Gebietskörperschaften bzw. die Länder – den Schienenpersonennahverkehr sowohl effektiver als auch kostengünstiger zu machen. Die Folgen sind naturgemäß sehr unterschiedlicher Art: Wiederinbetriebnahme stillgelegter Strecken hier (insgesamt acht der in den Bänden I und II dieser Reihe behandelten Verbindungen wurden 1996 ganz oder teilweise schon wieder bedient, weitere werden folgen), raschere Stillegung nicht mehr benötigter, nicht mehr betriebsbereiter oder – aus welchen Gründen auch immer – nicht mehr erwünschter Linien dort. Die also sind unser Thema.

Die »Überprüfung« des deutschen Eisenbahnnetzes hat im Betrachtungszeitraum besonders die neuen Bundesländer so mancher Strecke beraubt. Das war natürlich allen Planern eines effizienteren Regionalverkehrs von vornherein klar gewesen. Im Osten, wo praktisch bis zur Vereinigung der beiden deutschen Staaten die Schiene das fundamentale Verkehrssystem schlechthin gewesen war, hatte man sich bislang mit der Stillegung von Strecken vergleichsweise zurückgehalten. Die rasante Auto-Motorisierung von »Neufünfland« sowie der Einbruch der Wirtschaft ebendort setzten dieser Zurückhaltung ein Ende, und schon jetzt ist klar, daß in einem vierten Band unserer Reihe, der die Jahre 1996 bis 2000 zu behandeln hat, auf den neuen Bundesländern ganz eindeutig das Übergewicht lasten wird. Während also in den alten Ländern nach den »Schrumpfkuren« der zurückliegenden Jahrzehnte sich die Diskussion längst weit mehr um die Reaktivierung oder Modernisierung von Regionalbahnen dreht, steht dem Osten noch so manche Abschiedsfahrt bevor.

Ob Ost oder West: Es geht in diesem Buch nicht nur um Nebenbahnen, sondern auch um traditionsreiche (ehemalige) Hauptstrecken, darunter eine der ersten deutschen Fernbahnen überhaupt (KBS 714). Und es geht nicht nur um DB- bzw. DR-Gleise. Auch sogenannte Privatbahnen (gemeint sind damit heutzutage Unternehmen, die nicht dem Bund gehören, sich gleichwohl zumeist in öffentlicher Hand befinden) mußten wieder in die Chronologie aufgenommen werden. Die hier nachfolgend behandelten Privatbahnen kommen allesamt aus den alten Bundesländern, denn in der damaligen sowjetischen Besatzungszone waren die privaten bekanntlich bis 1949 der Deutschen Reichsbahn zugeschlagen worden. Daß gleichwohl viele dieser ehemaligen privaten Nebenbahnen nun als DR- bzw. (ab 1994) DB-AG-Strecken aufs Abstellgleis kamen, steht auf einem anderen Blatt (und auf den folgenden »Blättern« natürlich auch).

Einige Anmerkungen zur Arbeitsweise der Autoren und zur Gliederung dieses Buches: Auch im vorliegenden dritten Band der Reihe »Abschied von der Schiene« wird die bewährte Kombination aus möglichst aktuellen Abbildungen, also aus den letzten Betriebsjahren der jeweiligen Strecken, und kurzen, aber informativen Texten, in denen auch die Historie gewürdigt wird, beibehalten. So ist am besten ein Bild davon zu vermitteln, wie es zuletzt um die stillgelegten Strecken stand, warum sie schließlich »ausgemustert« wurden.

Ein beträchtliches Problem stellte diesmal die Auswahl der Strecken dar. Daß Verbindungen, die ersatzlos gestrichen bzw. auf Busbedienung umgestellt wurden, in dieses Buch Einzug halten mußten, ist klar. Auch Linien, die im Berichtszeitraum gesperrt und nach offizieller Lesart 1997 oder später wiedereröffnet werden sollen, wurden natürlich einbezogen (etwa die Kursbuchstrecken 592 und 862). Als sehr schwierig jedoch erwies es sich, die zahllosen Streckensperrungen zu dokumentieren, die im Zuge der Rekonstruktion des Eisenbahnnetzes vor allem in den neuen Bundesländern vorgenommen wurden bzw. werden. Teils hat man dabei die Gleise auf der alten Trasse neu verlegt, teils gab es kleinere Trassenkorrekturen oder gar größere »Linienverbesserungen«. Darüber hinaus begannen die Streckensperrungen je nach Baufortschritt oft kurzfristig, oft auch ohne Vorankündigung in den Kursbüchern. Für die Aufhebung der Sperrungen gilt entsprechendes. Mehr zu dieser Problematik in unserem Kapitel »Neutrassierungen, Werk- und Sonderverkehre«.

Im Anschluß an dieses Vorwort beginnt unser Buch mit einem Kapitel über das Geschehen in Berlin und am Berliner Außenring. Die deutsche Hauptstadt ist bekanntlich seit jeher ein Brennpunkt des Schienenverkehrs und deshalb auch ein Brennpunkt all der eben erwähnten Wiederaufbau- und Modernisierungsarbeiten. Es schließen sich an die 49 Kapitel zu den Einzelstrecken, die zwischen 1991 und 1995 ihren planmäßigen Schienenpersonenverkehr verloren haben. Dabei orientiert sich die Reihenfolge strikt an den zum Zeitpunkt der tatsächlichen Einstellung des Personenverkehrs gültigen Kursbuchnummern, da jede andere Systematik für den Leser womöglich recht umständliches Suchen bedeutet hätte. Ein längeres Kapitel befaßt sich dann mit dem Thema Verbindungskurven, ehe zum Schluß die erwähnten Neutrassierungen, Werk- und Sonderverkehre behandelt werden. Für alle Strecken gilt, daß jeweils der letzte Betriebstag in **fetter Schrift** hervorgehoben ist.

Ein Hinweis noch zur Schreibweise der Bahnhofsnamen. Hier halten sich die Autoren strikt an die nach wie vor offiziell gültige Bezeichnung, auch wenn diese von den Fakten längst überholt ist. Ein Beispiel: »Rahden (Kr Lübbecke)« ist insofern unsinnig, als es den Kreis Lübbecke seit über 20 Jahren nicht mehr gibt; Minden-Lübbecke wäre richtig. Auch die Tatsache, daß üblicherweise hinter Abkürzungen kein Punkt gesetzt wird (»Meckl«), wurde vom Kursbuch übernommen.

Am Ende dieses Vorworts ist es den Autoren eine angenehme Pflicht, all denjenigen – genannten und nicht genannten – Eisenbahnfreunden, die durch Bildmaterial oder die Vermittlung von Informationen zum Zustandekommen dieses Buches beigetragen haben, ein herzliches »Dankeschön« auszusprechen.

Münster/Hövelhof, im November 1996
Wolfgang Fiegenbaum
Wolfgang Klee

Inhalt

Berlin und Berliner Außenring

Wustermark - Nauen: Sternförmig von der Metropole ausgehend binden ein Dutzend bedeutender Routen (und noch ein paar weniger bedeutende dazu) die deutsche Hauptstadt ins Eisenbahnnetz ein. Bereits um 1900 existierten alle diese Strecken, aber was damals immer noch nicht existierte, das war ein weit genug vor der Stadt liegender Verbindungsring, der es ermöglicht hätte, beispielsweise von der Magistrale Hamburg - Berlin auf die Magistrale Berlin - Dessau überzuwechseln, ohne umständlich den Gleiswirrwarr im Zentrum Berlins anzufahren.

Im normalen Reiseverkehr bestand für einen solchen Verbindungsring auch kaum Bedarf, denn das Gros aller Reisenden auf den nach Berlin zielenden Strecken wollte natürlich auch tatsächlich die Metropole anfahren. Für den Güterverkehr hingegen, genauso aber für das Militär hatte ein solcher Ring durchaus Sinn. Truppentransporte ließen sich so im Falle eines Falles tatsächlich erheblich beschleunigen. Auf Forderungen des Militärs hin wurde dann auch mit dem Bau einer eingleisigen Verbindungsbahn von Oranienburg (an der »Lloydbahn« nach Rostock) über Kremmen (Neuruppiner Bahn), Nauen (Hamburger Bahn), Wustermark (Lehrter Bahn) und Wildpark (Magdeburger Bahn) nach Michendorf/Seddin (»Kanonenbahn« nach Dessau/Güsten) begonnen. Als erster Abschnitt wurde am 1. September 1902 der Abschnitt Nauen - Wustermark - Wildpark in Betrieb genommen.

Das bis dato nur im Nordwesten der Hauptstadt umgesetzte Verbindungsbahn-Programm wurde in den 1930er Jahren von den Nationalsozialisten wieder aufgenommen. Eine speziell eingerichtete Reichsbahn-Baudirektion Berlin koordinierte nun die Arbeiten, die sich an Albert Speers (Verkehrs-) Plänen für die Reichshauptstadt zu orientieren hatten. Der nun projektierte Außenring lag im Bereich Nauen erheblich näher an der City als die alte preußische Verbindungslinie. Bis 1944 wurde tatsächlich der Ring immer weiter gezogen, allerdings teilweise nur provisorisch. Vollständig geschlossen wurde er nicht.

Einzige Zwischenstation der Strecke Wustermark-Nauen ist der Bahnhof Bredow. Auch hier macht wenige Tage vor dem Ende der neue VT 628/928 auf die Möglichkeiten modernen Schienennahverkehrs aufmerksam. Zwar hängt die Fahrleitung noch, aber elektrischer Betrieb ist am 23.05.1995 schon nicht mehr möglich.

Kurz vor Nauen überquert 928 648 am 23.05.1995 die Magistrale Berlin - Hamburg, um sich dann im Bogen an diese Strecke anzuschmiegen. Bahndamm und Widerlager der Brücke verraten, daß es hier einmal zweigleisig »an Berlin vorbei« ging.

Eine ganz neue Schubkraft erfuhr das Projekt infolge der sowjetischen Blockadepolitik. Die Reichsbahn in der DDR sollte künftig nicht mehr auf irgendwelche auf Westberliner Gebiet liegenden Gleise angewiesen sein. Am 1. November 1950 wurde der erste Spatenstich für den Berliner Außenring (BAR) getan, 1956 war der Außenring geschlossen, aber auch im Laufe der kommenden Jahre wurde dieses größte Vorhaben der DDR-Reichsbahn immer weiter ausgebaut und modernisiert. West-Berlin konnte nun im DDR-Binnenverkehr tatsächlich komplett und weitgehend problemlos (sieht man hier einmal von der teilweise extrem hohen Belastung des BAR ab) auf relativ modernen Gleisanlagen umfahren werden.

Die »Einmauerung« Westberlins hatte bekanntlich auch eine Konzentration der Reisezugrouten zwischen dem Westteil der alten Hauptstadt und dem DDR-Gleisnetz zur Folge. So wurden auch die Fernzüge zwischen Hamburg und Berlin ab Nauen über den Verbindungsring nach Wustermark umgeleitet, die alte Strecke über Falkensee war nämlich durch die Mauer zerschnitten worden.

Seit Beginn des Jahresfahrplans 1995/96 jedoch steht die alte »Hamburger Bahn« auch wieder zwischen Albrechtshof und Spandau (genaueres dazu im nächsten Absatz) dem Verkehr zur Verfügung. Die Umleitung über Wustermark war damit nach dem **27. Mai 1995** sowohl für den Fern- als auch für den Regionalverkehr überflüssig geworden. Da praktisch direkt nebenan die neueren Gleise des BAR zur Verfügung stehen, ist die alte Linie von 1902 auch im Güterverkehr nicht mehr vonnöten.

Falkensee - Albrechtshof: Nun müssen wir etwas tiefer in die »Grenzbereiche« der Berlin-Hamburger Eisenbahn einsteigen. Zur Vorgeschichte: Die 1846 fertiggestellte Fernbahn sollte durch eine zusätzliche zweigleisige S-Bahn-Strecke vom Nahverkehr entlastet werden, 1938 begann deshalb der viergleisige Ausbau der Hamburger Bahn von Spandau über Falkensee in Richtung Nauen. Alle vier Gleise sollten hochgelegt werden. Zunächst wurde dafür in Staaken neben der alten Trasse der Damm für zwei neue Ferngleise aufgeschüttet, im Zweiten Weltkrieg wurden die Arbeiten jedoch eingestellt. Nach Kriegsende – die Fernbahn war infolge der

Heute ist von den Anlagen des alten Bahnhofs Albrechtshof nichts mehr zu erkennen. Auch die vierteilige blau-graue Doppelstock-Wendezugeinheit gibt es heute nicht mehr. Links hinter dem Bahnhofsgebäude standen am 13.10.1992 noch die Brückenwiderlager für die geplante Hochlegung der Strecke auf einen Damm.

142 196 steht im Bahnhof Albrechtshof zur Rückfahrt bereit. Der Blick geht in Richtung Westberlin, das am 13.10.1992 hier jedoch noch nicht auf Schienen erreichbar ist. Im Bereich der Mauer ist die Hamburger Bahn (noch) vollständig entfernt.

Demontage nur noch eingleisig – wurde die elektrische S-Bahn weitergebaut und erreichte 1951 von Spandau-West aus Falkensee. Zugleich endeten die DDR-Binnenreisezüge aus Richtung Nauen nun in Falkensee. Am Umsteigebahnhof zur S-Bahn ließ sich nämlich der Verkehr nach West-Berlin für die DDR gut kontrollieren. Das Jahr 1951 markiert aber auch insofern einen Wendepunkt, als der bis dahin von Spandau (also West-Berlin) aus verwaltete Ortsteil »West-Staaken«, der schon bald nach Kriegsende von den Engländern der UdSSR zugesagt worden war (im Tausch gegen ein Gelände am Flugplatz Gatow-Kladow), auch tatsächlich dem DDR-Kreis Nauen zugeteilt wurde. Ab 1952 durften West-Berliner nicht mehr nach »West-Staaken«, Grenzbahnhof war nun Albrechtshof. Gleichwohl fuhr die S-Bahn weiter. Erst mit dem Bau der Berliner Mauer wurde die S-Bahn wirklich geteilt, ab dem 13. August 1961 der grenzüberschreitende Verkehr eingestellt. Auf der Fernbahn nebenan rollte aber weiter der »Interzonenverkehr«. Bis zum 5. Dezember 1961, dann riegelte die DDR auch für den Fernverkehr die Hamburger Bahn ab und zerstörte die Gleise, nachdem ein Lokführer mit seinem aus Falkensee kommenden Zug die Grenzsperren durchbrochen hatte und so mit seiner Familie nach West-Berlin geflohen war. Außerhalb der Mauer wurde Albrechtshof nun via Falkensee primär von Nauen aus mit Pendelzügen angefahren; weiterhin zum »Berliner S-Bahn-Tarif« übrigens und in dichtem Takt, aber natürlich ohne die typischen Berliner S-Bahn-Fahrzeuge. Das vorläufige Ende der ehemaligen S-Bahn-Strecke Falkensee - Albrechtshof kam am **22. Mai 1993**. Nach Ablauf des Jahresfahrplans 1992/93 wurden die Gleise abgetragen, die Trasse geräumt und Bahnhof Albrechtshof stillgelegt, damit nebenan der Wiederaufbau der Fernbahn beginnen konnte. Erneut wurde zwischen Spandau und Falkensee mit der Dammaufschüttung zur Anhebung der Trasse begonnen (der dafür hier bereits 1938 angehäufte Sand stand allerdings nicht mehr zur Verfügung, weil er inzwischen für den Wohnungsbau in Marzahn abgefahren worden war), und am 28. Mai 1995 wurde auf der neuen Fernbahntrasse – zunächst noch eingleisig und im Dieselbetrieb – der planmäßige Verkehr zwischen Nauen und dem Westkreuz wieder aufgenommen.

Dallgow (b Berlin) - Staaken: Probleme wie in Falkensee an der Hamburger Bahn gab es auch einen Katzen-

Am Bahnhof Staaken ist am 13.10.1992 der Pendeltriebwagen 772 125 aus Dallgow eingetroffen, während rechts ein Intercity aus West-Berlin mit einer Lok der Baureihe 229 durch den Mauerschlauch in Richtung Kontrollbahnhof Staaken rauscht. Hunderte von Lampen haben früher das Gelände um die Mauer und den Schlauch dazwischen illuminiert, und der Bahnübergang im Vordergrund war durch eine monströse Gitteranlage gegen Fluchtversuche geschützt.

Das Gleis des Pendels Dallgow - Staaken lief direkt neben dem ehemaligen Kontrollbahnhof Staaken her. Wenn er auch am 13.10.1992 schon etwas verkrautet wirkt, so ist seine ehemalige Aufgabe als Grenzbahnhof nach West-Berlin durch die zahlreichen Lampen, soliden Zäune und den Wachturm noch unübersehbar.

sprung weiter an der Lehrter Bahn, speziell am Abschnitt Dallgow - Staaken, der einen weiteren grellen Farbtupfer auf die Groß-Berliner Eisenbahnkarte wirft. Die Geschichte liest sich in aller Kürze so: Durch den oben erwähnten Staakener Geländetausch wurde der Personenverkehr auf der alten Lehrter Bahn 1951 in Staaken unterbrochen, der Güterverkehr jedoch blieb bestehen. Die Züge aus Richtung Stendal endeten fortan unmittelbar an der neuen Stadtgrenze in einer Ladestraße westlich der Brücke am Nennhauser Damm. Hier konnte nach einer Kontrolle in die S-Bahn umgestiegen werden, die zu diesem Zweck bis an die östliche Seite der Brücke verlängert worden war. Auch nach dem Bau der Mauer, als für DDR-Bürger dieser Weg nun unpassierbar geworden war, endeten die Züge aus Richtung Stendal noch unmittelbar an der Grenze. Rund zwei km weiter westlich wurde Mitte der siebziger Jahre mit dem Bau des Kontrollbahnhofs Staaken (für den Transitverkehr Berlin - Hamburg) eine Trennung von Nah- und Fernverkehr vorgenommen. Südlich der neu errichteten Gleisanlagen wurde 1976 eine 1,5 km lange Umfahrungsstrecke für den Nahverkehr in Betrieb genommen, die Nahverkehrszüge endeten jetzt 500 m westlich des Kontrollbahnhofs an einem Seitenbahnsteig. Dieser »Nahverkehrsbahnhof« Staaken wurde von Wustermark aus mit Pendelzügen (Triebwagen) bedient, letzte Station vor Staaken war Dallgow. Im Zuge der Maueröffnung wurden ab September 1990 die Züge nach Berlin verlängert, konnten jedoch den Staakener Bahnhof nicht anfahren, da es hier keine Anbindung an die Durchgangsgleise gab. Also wurde bis zum 1. Juni 1991 der Triebwagenpendel Wustermark - Dallgow - Staaken beibehalten, dann aber eingestellt. Damit war man in Staaken jedoch überhaupt nicht einverstanden, da auch der unselige Kontrollbahnhof für den Regionalverkehr nicht zu gebrauchen war. Also wurde mit dem Jahresfahrplan 1992/93 auf der rund 4 km kurzen Strecke Staaken - Dallgow (in Dallgow gab's Anschluß in Richtung Berlin) wieder ein Triebwagenpendel eingesetzt, der bis zum **21. Mai 1993** beibehalten wurde. Mit dem nächsten Jahresfahrplan konnte Staaken wieder von durchgehenden Zügen Wustermark/Nauen - Berlin-Spandau (-Jungfernheide) bedient werden, da inzwischen ein neuer provisorischer Bahnsteig an der Fernbahn fertiggestellt

Auch in Jungfernheide wurde »tabula rasa« gemacht. Kein Stein steht mehr vom provisorisch und kurzzeitig wieder in Betrieb genommenen S-Bahnsteig, an dem am 12. Oktober 1992 201 711 mit dem Pendel aus Nauen eingelaufen ist. Der ehemalige Vorort-Bahnsteig rechts und der nicht sichtbare Bahnsteig der stillgelegten Strecke nach Gartenfeld sind schon seit vielen Jahren dem Verfall preisgegeben. Jungfernheide war als Berliner Endpunkt der Regionalbahn gewählt worden, weil hier direkter Anschluß an die U-Bahn-Linie U 7 bestand.

worden war. Das alte »Pendelzug-Gleis« von Dallgow wurde anschließend demontiert, um Platz für die Hochgeschwindigkeitsstrecke Berlin - Hannover zu machen.

Berlin-Spandau - Jungfernheide: Lehrter Bahn und Hamburger Bahn treffen bekanntlich in Spandau zusammen. Bis zum Zweiten Weltkrieg begannen und endeten die auf diesen Magistralen verkehrenden Fernzüge im alten »Lehrter Bahnhof«. Mit dessen endgültiger Stillegung 1951 – er war im Krieg stark beschädigt worden, zudem konzentrierte die DDR-Reichsbahn den Fernverkehr mit dem Westen mehr und mehr auf die Stadtbahn – wurden natürlich auch die Fernbahngleise aus Richtung Hamburg bzw. Stendal/Hannover für diese Züge überflüssig. Lediglich bis zur Station Jungfernheide (sie liegt etwa 6 km östlich von Spandau) wurden mit Beginn des Jahresfahrplans 1993/94 wieder von bzw. nach Nauen verkehrende Regionalbahn-Züge eingeführt (R 5); sie verkehrten im Stundentakt. Allerdings war nach einem Jahr damit schon wieder Schluß: Die Hamburger Bahn soll bekanntlich bis zum Jahr 2000 wieder in einen »Lehrter Bahnhof« führen. Dieser wird mit dem alten außer dem Namen und der ungefähr gleichen Lage nicht mehr viel gemein haben. Der neue, in unmittelbarer Nähe des künftigen Regierungsviertels liegende »Lehrter Bahnhof« wird kein Kopfbahnhof wie sein Vorgänger, sondern ein gigantisches Kreuzungsbauwerk (alte Stadtbahn und neue Nord-Süd-Bahnen), Berlins Haupt-Fernverkehrsbahnhof schlechthin. Den neuen Gleisen zu diesem Bahnhof mußten die alten weichen, die von und nach Nauen pendelnden Züge der R 5 fuhren letztmals am **25. Juli 1994** über Berlin-Spandau hinaus nach Jungfernheide. Dann rückten die Bautrupps an.

Mahlow - Blankenfelde (Kr Zossen): Eine ähnliche Situation wie zwischen Falkensee und Albrechtshof ergab sich infolge der »Einmauerung« West-Berlins auch an der alten Berlin-Dresdener Bahn. Die erst 1959 erstellte S-Bahn wurde ebenso wie nebenan die Fernbahn (1875 eröffnet) 1961 zwischen Mahlow (Kreis Zossen) und Lichtenrade (West-Berlin) gekappt. Um Mahlow einen Schienenanschluß zu sichern, wurden ab dem 26. Mai 1963 Pendelzüge zum etwa 3 km entfernten Bahnhof Blankenfelde eingerichtet; Blankenfelde liegt an der Dresdener Bahn und bot damit auch gute Anschlüsse an den nahen Berliner Außenring. Zunächst

Nachdem das ganze Buch über Stillegungen berichtet, soll uns wenigstens ein Eröffnungsfoto trösten. Am 31.08.1992 haben 480 533 und drei weitere Viertelzüge die Ehre, nach 31 Jahren zwangsweiser Unterbrechung den S-Bahn-Verkehr zwischen Lichtenrade und Blankenfelde wiederzueröffnen. Damit wird auch der teilweise neutrassierte »Blaue Bock« zwischen Mahlow und Blankenfelde nach knapp einjähriger Pause wiederbelebt.

setzte die Reichsbahn als Pendelzug eine blaue V 15 mit einem Triebwagenanhänger ein, was der Strecke den Namen »Blauer Bock« bescherte. Später folgten Loks der Baureihe 102, schließlich Schienenbusse der Baureihe 171. Als »R 12« zog die praktisch rund um die Uhr betriebene Linie 1991 sogar ins erste DB/DR-Gesamtkursbuch ein. Doch schon am **16. September 1991** war vorerst Schluß, weil nun die Rekonstruktion der Strecke anstand und die Trasse geräumt werden mußte. Zunächst ging es dabei um die Wiederherstellung des demontierten Streckengleises Mahlow - Blankenfelde und um neue Bahnsteige für beide Orte. Während der Totalsperrung wurde die Verbindung Mahlow - Blankenfelde durch Busse hergestellt, seit dem 1. November 1992 fährt die S-Bahn S 2 über Lichtenrade hinaus auf nun korrigierter Trassenführung via Mahlow bis Blankenfelde.

Berlin Zoologischer Garten - Berlin Hbf: Beim Stichwort Streckensperrungen darf natürlich auch die viergleisige Stadtbahn nicht vergessen werden, die bis 1998 unter einem Aufwand von 1,5 Milliarden Mark auf Vordermann gebracht wird. Auf die sanierungsbedürftigen alten Ziegelbögen aus den 1870er Jahren (die Stadtbahn, ein 12 km langer City-Viadukt, ist seit 1881 durchgehend befahrbar) wurden eine neue Stahlbetonplatte mit »Fester Fahrbahn« und andere modernste Technik gepfropft, 1998 sollen dann auch die Fernzüge wieder rollen. Der S-Bahn-Betrieb mußte während der Bauarbeiten nicht unterbrochen werden, jedoch wurde am **31. Oktober 1994** zwischen den Stationen Zoo und Hauptbahnhof der Fernverkehr eingestellt, damit in mehreren Etappen der als absolut unverzichtbar angesehene S-Bahn-Verkehr auf die Ferngleise verlagert werden konnte. Neben den S-Bahn-Zügen ratterten die Baumaschinen, dann wechselten schrittweise Züge und Arbeiter wieder die Seiten. Am Ende der Arbeiten wird die alte »Rollenverteilung« wiederhergestellt sein (Foto siehe Farbteil Seite 49).

Potsdam Hbf - Wilhelmshorst: Noch einmal zurück an den Außenring, diesmal im Bereich Potsdam/-Michendorf. Es geht im folgenden um eine Verbindungskurve vom Berliner Außenring an die »Kanonenbahn« in Richtung Güsten/Dessau. Bis zum **30. Mai 1992** befuhren nämlich die beiden Eilzüge E 721 Potsdam Hbf - Dessau bzw. E 726 Chemnitz - Brandenburg die vom Bahnhof Wilhelmshorst (»Kanonenbahn«) zum Außenring in Richtung Potsdam hinaufführende Verbindungskurve (bzw. umgekehrt). Mit Beginn des nächsten Fahrplans wurde der Betrieb sowohl auf der »Kanonenbahn« als auch auf dem Außenring grundlegend umgestaltet, auf Einzelheiten kann hier nicht eingegangen werden. Die Verbindungskurve jedenfalls wird planmäßig jetzt nur noch von Güterzügen in Richtung Wustermark/Nauen (und umgekehrt) befahren. Apropos Potsdam: die Station »Potsdam Hauptbahnhof« sucht man heute im Kursbuch vergeblich. Dieser Bahnhof befindet sich an der Stelle, an welcher der Außenring über die Linie Jüterbog - Beelitz - Nauen/Potsdam Stadt (heutige KBS 206.33) hinwegführt; wir haben es hier also mit einem Turmbahnhof zu tun. Errichtet wurde die Station fern der City 1957/59 zusammen mit dem Außenring inmitten ausgedehnter Waldgebiete; der Name Potsdam Hauptbahnhof war also ziemlich irreführend. Dies um so mehr, als der Bahnhof »Potsdam Stadt« an der alten Magistrale Berlin - Magdeburg der Innenstadt ungleich näher liegt und inzwischen auch wieder der Fernverkehrsbahnhof der alten Garnisonsstadt schlechthin ist. Mit Beginn des Jahresfahrplans 1993/94 erhielt die »Waldstation« Potsdam Hbf deshalb einen treffenderen Namen: Potsdam-Pirschheide.

Berlin-Köpenick - Flughafen Berlin-Schönefeld: Wir kommen jetzt zur Kreuzung der Magistrale Berlin - Frankfurt/Oder mit dem Außenring. Der Verkehr zwischen der Hauptstadt und Frankfurt/Oder sieht heute im wesentlichen so aus, daß neben den EC-Paaren von und nach Warschau/Krakau sowie den RE-Zügen von und nach Cottbus RB-Züge zwischen Frankfurt/Oder und Erkner pendeln; in Erkner besteht S-Bahn-Anschluß. Die über Erkner hinaus fahrenden Züge beginnen und enden bis zur Wiederherstellung der Stadtbahn-Ferngleise in Berlin Hbf. Bis 1995 wurde statt Berlin Hbf von vielen Fernzügen auch Berlin-Lichtenberg benutzt. Nicht diese Züge sollen uns jedoch hier interessieren, sondern jener Nahverkehrszug 7958 aus dem Fahrplanjahr 1991/92, der als Einzelgänger von Frankfurt/Oder nach Jüterbog fuhr und dabei in Berlin-Köpenick am Abzweig Eichgestell auf den Außenring überwechselte, dann via Zossen und Sperenberg (damalige KBS 184) Jüterbog ansteuerte. Zwischen Sperenberg und Jüterbog ist bekanntlich mit Ablauf des Sommerfahrplans 1996 der Personenverkehr eingestellt worden. Unseren Zug N 7958 betraf das jedoch schon nicht mehr, er fuhr bereits am **30. Mai 1992** zum letzten Mal.

Berlin Frankfurter Allee - Berlin Warschauer Straße: Bislang hatten wir es immer wieder mit dem Berliner Außenring zu tun. Es gibt aber auch noch einen weit näher am Stadtkern liegenden Eisenbahnring, den früher viergleisigen Innenring nämlich. Dieser Innenring, insge-

Kaum zu glauben, daß diese Aufnahme vom 05.09.1996 einen der belebtesten S-Bahnhöfe Deutschlands zeigen soll. Während auf den anderen ineinander und übereinander verschachtelten Bahnsteigen des Bahnhofs Ostkreuz die S-Bahnen im nur nach Sekunden zu messenden Abstand ein- und auslaufen, ist es am Gleis 3 sehr ruhig geworden. Die Verbindungskurve zwischen Warschauer Straße und dem Nordring wird nicht mehr befahren. Ähnlich wie bei der gleichartigen Kurve zum Südring stadteinwärts konnte man in Ostkreuz hier nur stadtauswärts einsteigen. Die jeweiligen Bahnsteige der Gegenrichtung (hier im Bild am linken Gleis) waren schon seit vielen Jahren abgebaut.

samt 37 km lang, entstand zwischen 1871 und 1877, auf ihm gab es Züge, die unablässig im Kreis herum fuhren. Bis zum Bau der Mauer. Die Teilung der Stadt und des Rings veranlaßte die DDR-Reichsbahn zu einer völligen Umstrukturierung des S-Bahn-Betriebs im Osten der Stadt. Am sogenannten Ostkreuz beispielsweise, wo der S-Bahn-Ring über die Magistrale nach Frankfurt/Oder und die daneben liegende Ost-West-S-Bahn hinwegführt, verließen die Züge einer zuletzt als S 86 bezeichneten Linie Berlin-Pankow - Berlin Hauptbahnhof hinter der Station Frankfurter Allee den Ring und steuerten über die am 7. Februar 1882 in Betrieb genommene 1,5 km lange Verbindungskurve zum Hauptbahnhof (der damals noch Schlesischer Bahnhof hieß) die Ost-West-Gleise an (und umgekehrt). Als am **28. Mai 1994** diese Linienführung aufgegeben wurde, liefen die Arbeiten an der Rekonstruktion des »Vollrings« bereits auf Hochtouren. Aber allein daran wird es wohl nicht gelegen haben: Zu »DDR-Zeiten« hätte die Kappung einer Direkt-S-Bahn zwischen den beiden Ost-Berliner Regierungsvierteln Pankow und Mitte wohl kaum auf irgendeiner Tagesordnung gestanden.

Magnetbahn Berlin: Ein Kuriosum zum Schluß dieses Kapitels. Am **31. Juli 1991** endete der für die Öffentlichkeit zugelassene Betrieb der Magnetbahn Berlin (er hatte zwei Jahre gedauert). Auf der eingleisigen und etwa 1,5 km kurzen Strecke mit den M-Bahn-Stationen »Kemperplatz«, »Bernburger Straße« und »Gleisdreieck (unten)« erprobte die AEG die Eignung der Magnetbahn-Technologie für den Nahverkehr. In den führerlos pendelnden Magnetbahn-Fahrzeugen wurden nach Angaben des Betreibers insgesamt etwa 2,5 Mio. Fahrgäste befördert. Nach der Einstellung des öffentlichen Betriebs gab es noch einige Testfahrten, dann mußte die M-Bahn dem Ausbau der U-Bahn weichen. Aber schon in wenigen Jahren soll ja mit dem »Transrapid« Berlin wieder eine Magnetbahn erhalten, nun aber für den Fernverkehr mit Hochgeschwindigkeitsfahrzeugen. Schon de jure war da die M-Bahn weit bescheidener. Sie verkehrte nach BOStrab, also nach der Bau- und Betriebsordnung für Straßenbahnen – womit sie »von Rechts wegen« auch gar nicht in dieses Buch gehört…

122 Stade - Hesedorf 27 km

1991 übernahmen die neugestalteten Eisenbahnen- und Verkehrsbetriebe Elbe-Weser (EVB) im »Nassen Dreieck« zwischen Bremen, Bremerhaven und Hamburg 159 km Nebenstrecken von der Bundesbahn und machten sich daran, den Schienenverkehr vor Ort neu – und vor allem besser – zu organisieren. Für den Personenverkehr bedeutete dies, daß man eine möglichst direkte und als »Regionalbahn« (RB) eingestufte Verbindung von Bremerhaven über Bremervörde, Hesedorf und Buxtehude nach Hamburg (genauer: zur S-Bahn Endstation Hamburg-Neugraben) aufbauen wollte. Angesicht der klaren Ausrichtung der Verkehrsströme auf Hamburg ein längst überfälliger Schritt.

Zwar hatten die EVB angeboten, auch zwischen Hesedorf und Stade den Schienenpersonenverkehr weiterzuführen, aber die Anliegerkommunen waren nicht bereit, ihren Anteil am Ausgleich des zu erwartenden Betriebskostendefizits zu tragen; insbesondere auf die Stadtväter von Stade hatte man hier einige Hoffnungen gesetzt. Also stellten die EVB den Personenverkehr auf der am 1. Oktober 1898 von den Preußischen Staatseisenbahnen eröffneten Nebenbahn am **25. September 1993** ein.

Vermutlich hätte auch die DB längst eine Verbindung Bremervörde - Buxtehude (- Hamburg) im Angebot gehabt, wenn sie denn nur Eigentümerin der Strecke Hesedorf - Buxtehude gewesen wäre. Das war sie aber bloß zum Teil. Ihr gehörte lediglich das Stück Hesedorf - Harsefeld, von dort ging es einst weiter nach Buchholz in der Nordheide. Zwischen Hesedorf und Buchholz war der Personenverkehr aber schon 1968 eingestellt worden, und im Jahr darauf auch auf der privaten Buxtehude-Harsefelder Eisenbahn, die damals die Lücke nach Hamburg schloß – und auch jetzt wieder schließt. Inzwischen hat die Buxtehude-Harsefelder Eisenbahn als selbstständiges Bahnunternehmen aufgehört zu bestehen. Im Juli 1993 ging sie – rückwirkend zum 1. Januar 1993 – in den EVB auf.

Zwischen Wiesen und Weiden hält am 14.11.1992 der Schienenbus aus Richtung Stade im schlichten Haltepunkt Essel. Fahrgäste sind weit und breit nicht in Sicht. Es führt der Steuerwagen VS 117 der EVB, der zuvor als 996 784 bei der DB sein Brot verdiente.

Aus dem Motorwagen VT 168 (ex DB 796 826) bot sich am 14.11.1992 der Blick auf den geschobenen Steuerwagen und die Landschaft zwischen Fredenbeck und Mulsum-Essel. Während der Fahrer als einziger »Fahrgast« im Steuerwagen den Zug in Richtung Bremerhaven »steuert«, genießt der einsame Fotograf im Triebwagen das markante Knattern des Schienenbusmotors.

Vierzehn Tage vor dem Ende des Personenverkehrs konnten die wenigen Reisenden noch Nahverkehr »vom Feinsten« kennenlernen: Der neue VT 151, der laut Prägung auf den Fahrzeugschlüsseln mal als 628 405 der DB geplant gewesen war, hält am 11.09.1993 im Bahnhof Fredenbeck.

Typisch für diese Strecke der Preußischen Staatseisenbahnen war das holzverkleidete Empfangsgebäude von Deinste mit dem vorgesetzten Ziegelsteinanbau aus jüngerer Zeit. In Deinste beginnt auch die Museumskleinbahn des Deutschen Feld- und Kleinbahnmuseums, die nunmehr nicht mehr mit normalen Personenzügen zu erreichen ist. Dafür gibt es ab und zu noch eine Sonderfahrt, so wie hier auf unserem Bild am 17.08.1996. Der VT 168, den wir schon von den ersten beiden Bildern kennen, ist in der schmucken EVB-Lackierung kaum wiederzuerkennen (siehe auch Farbteil Seite 49).

Was aus der nur noch dem Güterverkehr dienenden Verbindung Hesedorf - Stade, ja aus den ganzen EVB mit ihren jetzt rund 300 km Bahnstrecke werden wird, läßt Spekulationen einigen Raum. Finanzielles Standbein des Unternehmens sollte nämlich der Güterverkehr, speziell der Containertransport zwischen Bremerhaven und Hamburg sein. Genau das fand die Hamburger Hafenverwaltung alles andere als erfreulich. Die nämlich war der Ansicht, daß hier angekommene Container auch hier wieder umgeschlagen werden sollen, nicht in Bremerhaven. Erst Mitte 1995 erhielten die EVB nach zähen Verhandlungen die Erlaubnis, Containerzüge in und aus dem Hamburger Hafen zu fahren. Der Erfolg dieser Züge blieb zunächst, so die EVB, »durchwachsen« . Auch auf den anderen Verbindungen entwickelt sich der Güterverkehr, der mit älteren DB-Dieselloks der Baureihen 211 und 216 abgewickelt wird, zwar positiv, aber nicht so, daß zu grenzenlosem Optimismus Anlaß wäre.

Im Personenverkehr haben auf der EVB- »Magistrale« Bremerhaven - Bremervörde - Buxtehude längst moderne VT 628-Dieseltriebzüge Einzug gehalten, die Fahrgastzahlen entwickelten sich überaus positiv. Auch mangelt es nicht an Ideen, wie durch direkte Züge nach Hamburg, zumindest bis zur S-Bahn Endstation Neugraben, die Attraktivität des neuen Schienenverkehrsangebots noch weiter gesteigert werden könnte. Aber das ist bislang Zukunftsmusik – wohl so lange, wie die hohen Trassenpreise der DB einer Benutzung der Hauptbahn Cuxhaven - Harburg im Wege stehen

125/10011 Bremerhaven-Lehe - Bremerhaven Columbusbahnhof 9 km

Der Columbusbahnhof in Bremerhaven nimmt in Deutschland eine Sonderstellung ein. Seine vornehmste Aufgabe war es, Passagiere der Transatlantik-Dampfer direkt bis zum Schiff zu bringen oder direkt vom Schiff zu übernehmen. Das betraf sowohl Auswanderer als auch Geschäfts- und Vergnügungsreisende.

Der heutige Transatlantik-Reiseverkehr wird von Flugzeugen erledigt. Auswanderer gibt es praktisch nicht mehr. Blieben noch die Vergnügungsreisenden, die auf den großen Luxuslinern die Meere durchkreuzen. Auch von Bremerhaven aus kann man mit ihnen in See stechen. Allerdings verkehren die Ozeandampfer heute so selten und so unregelmäßig, daß die Aufrechterhaltung einer ständigen Bahnanbindung nur für diesen Zweck schlichtweg Unfug gewesen wäre. Außerdem: welcher neuzeitliche »Kreuzfahrer« ließe sich schon gerne dabei ertappen, wie er von einem schnöden »Silberling« aus den eleganten Luxusliner entert.

Daß überhaupt noch bis in die jüngste Zeit einige wenige planmäßige Züge den Columbusbahnhof ansteuerten, mußte also andere Gründe haben: an der Pier der Ozeanriesen machten bis vor kurzem auch die Ausflugsschiffe nach Helgoland fest. Erst als deren An- und Abfahrt zur Seebäderkaje, die wiederum mit Bussen bedient wird, verlegt wurde, kam – am **7. April 1993** – das Ende des planmäßigen Personenverkehrs vom Hauptbahnhof Bremerhaven über Speckenbüttel und dann quer durchs Hafengebiet zur Columbuskaje. Allerdings können Sonderzüge nach wie vor den Bahnhof anfahren; sei es als »Zubringer« für Vergnügungsdampfer, sei es für den nicht seltenen Fall, daß amerikanische oder auch britische Soldaten ein- bzw. ausgeschifft werden.

Schon allein seine Lage direkt neben dem Pier der Ozeanriesen hebt den Columbusbahnhof in eine Ausnahmestellung. Nicht minder bemerkenswert ist seine

Zwei besondere Fahrzeuge waren am 26.07.1988 in Bremerhaven Columbusbahnhof zu bewundern. Zum einen der »Gläserne Zug« 491 001 aus München, der hier mangels Fahrleitung von der Diesellok 211 103 geschleppt wird und zum anderen jenseits der im Bild links sichtbaren Abfertigungsgebäude das elegante Kreuzfahrtschiff »Maxim Gorki«. Während die im Frühjahr 1952 eröffneten Abfertigungsanlagen und Gangways mal eine Auffrischung vertragen könnten, ist das Schicksal des »Gläsernen Zuges« nach seinem schweren Unfall Ende 1995 in Garmisch-Partenkirchen nach wie vor ungeklärt.

Der Regelverkehr in Bremerhaven Columbusbahnhof sah mit schlichten Bm-Wagen und V 100 als Zuglok schon prosaischer aus, so wie hier im September 1991 bei der Ausfahrt nach Bremerhaven Hbf. In der Bildmitte oben ist der Anleger der England-Fähre nach Harwich Parkeston Quay zu erkennen, für die es früher Schienenanschlüsse nach Bremen Hbf einerseits und London Liverpool Street Stn andererseits gab. Die im Bild sichtbaren Gleisanlagen und ein Teil der Strecke gehören übrigens nicht der DB, sondern der Hansestadt Bremen.

Gestaltung und Bauausführung. Bahnhof und Empfangsgebäude entstanden zwischen 1924 und 1927 gemeinsam mit der 1 000 m langen Kaimauer direkt an der Außenweser (Gleisanschluß gab es hier bereits seit dem 1. Juli 1914 durch die Verbindung Wulsdorf - Speckenbüttel - Lloydhalle der Preußischen Staatseisenbahnen). Die neue Anlage sollte die alten des »Norddeutschen Lloyd« ersetzen, die den Kapazitäten der modernen Lloyd-Dampfer »Bremen« , »Europa« und »Columbus« nicht mehr gewachsen waren. Das Bahnhofsgebäude allein erreichte eine Länge von 230 Metern. Bemerkenswerter aber noch ist, daß es sich bei dem Bau um eine Holzkonstruktion handelte: Die Architekten und Ingenieure mußten wegen des wenig tragfähigen Untergrunds – sieben Meter Sandlage auf zehn Meter starker Schlick-Schicht – eine möglichst leichte Konstruktion wählen.

Nach dem Zweiten Weltkrieg wurde der Columbusbahnhof und voran dessen Empfangsgebäude noch einmal gründlich überarbeitet. Das helle und jetzt mit glatten Fassaden versehene Bauwerk wirkte in seiner klaren Funktionalität nun noch eleganter. Allerdings: nach kurzer Blütezeit in den 50er Jahren versank mit dem raschen Absterben der Transatlantik-Linienschiffahrt die bald viel zu groß gewordene Anlage immer häufiger in einer traurigen Stille. Wer einmal als einziger Passagier mit dem morgendlichen Nahverkehrszug im Columbusbahnhof angekommen ist und dann von der riesigen, verwaisten Halle im Obergeschoß des Empfangsgebäudes, von der die Brücken auf die Schiffsdecks führten, über die leere Kaje und die graubraune Außenweser geblickt hat, weiß vermutlich genau, was damit gemeint ist.

154 Grevesmühlen - Klütz (Meckl) 15 km

Nebenstrecken und ihre Namen: »Kaffeebrenner« hieß im Volksmund das 15,3 km lange Bähnchen zwischen Grevesmühlen (an der Hauptbahn Lübeck - Bad Kleinen) und dem Ort Klütz unweit der Ostseeküste, das am 6. Juni 1905 von den Großherzoglich Mecklenburgischen Staatseisenbahnen in Betrieb genommen worden ist. Eine typische ländliche Nebenbahn war das, und zu deren Aufgaben gehörte auch die Bedienung der Mälzerei in Klütz. Aus Malzgerste läßt sich bekanntlich auch Malzkaffee – despektierlich »Muckefuck« genannt – machen, daher wohl der Name »Kaffeebrenner« .

Noch etwas hob die Strecke Grevesmühlen - Klütz eine zeitlang aus der Masse ähnlicher Strecken heraus. Gemeint ist die Nähe zum namhaften Ostseebad Boltenhagen, das nur gut fünf Kilometer von Klütz entfernt liegt und zeitweise für regen Urlauberverkehr sorgte. Hätte man an den verantwortlichen Stellen damals erahnt, welche Bedeutung der Seebädertourismus einmal haben könnte, vermutlich wäre die bescheidene Nebenbahn sogleich bis an die Küste gebaut worden. Zwar gab es in den 1930er Jahren konkrete Pläne, in Klütz den Bahnhof umzugestalten und einen Abzweig nach Boltenhagen zu bauen, aber dazu kam es nicht mehr. Es blieb also dabei: Wer als Tourist kein Auto hatte, mußte kurz vor dem Ziel noch vom Zug in den Bus wechseln. Das mag in der weniger PS-gespickten DDR mangels Alternativen für die meisten noch akzeptabel gewesen sein, im Zeitalter der vereinigten Massenmotorisierung aber längst nicht mehr.

Inakzeptabel und obendrein unverständlich war aber auch, daß in Grevesmühlen auf gute Anschlüsse an die Züge der Fernstrecke (Lübeck-) Herrnburg - Bad Kleinen offenbar nicht viel Wert gelegt wurde. Das war schon in den letzten Jahren der DDR-Reichsbahn so, das wurde auch bei der Bundesbahn nicht viel besser, obwohl die Fernstrecke ins Interregio-Netz eingebunden wurde und sich nie gekannten Verkehrs erfreut. Man kam zuletzt zwar recht gut von Klütz nach Bad Kleinen (und von dort

Außer den beiden Endbahnhöfen gibt es auf der Strecke noch vier Haltepunkte, die nur über eine Minimalausstattung verfügen. In Moor ist am 18.10.1994 die 202 437 eingelaufen. Die Ziegelwartehalle zeigt erste Spuren des Verfalls.

Das einzigartige Bauensemble des Bahnhofes Klütz soll uns einige Aufnahmen wert sein: Empfangsgebäude mit »Bahnhofsgaststätte« und »Trabant«.

Viel zu häufig vergessen Eisenbahnfreunde die interessanten Gebäude im Umfeld der Bahnhöfe, wie Bahnhofshotels, Lagerhäuser des Landhandels, Beamtenwohnhäuser oder alte Fabriken mit Gleisanschluß. Endzeitstimmung in Klütz.

Am Streckengleisende (Mitte) diente in Klütz früher eine Drehscheibe zum Erreichen des Umsetzgleises (rechts) bzw. des Lokschuppens (links). Später mußte der Zug über die Einfahrweiche des Bahnhofs hinaus in ein Nebengleis umsetzen, dann die Lok über ein weiteres Nebengleis umlaufen und anschließend den Zug wieder über die Einfahrweiche auf das Bahnsteiggleis zurücksetzen.

Schön wäre es auch, wenn dieser mecklenburgische Fachwerk-Lokschuppen mit angebautem Wasserturm erhalten bliebe. Aber wer kann so ein Gebäude gebrauchen? Alle Aufnahmen vom 18.10.1994 (siehe auch Farbteil Seite 50).

nach Schwerin oder Rostock), in den anderen Richtungen sah es allerdings recht trübe aus. Und schließlich: der durchgehende Bus nach Boltenhagen (über Klütz) ist angesichts einer Fahrzeit von 34 Minuten allein für die 15 Schienenkilometer vielleicht doch das attraktivere öffentliche Nahverkehrsangebot. Seit dem **27. Mai 1995** ist er auch das einzige.

Ende 1995 kursierte eine Meldung durch die Fachpresse, ein Magdeburger Unternehmen interessiere sich für die Wiederaufnahme des Schienenverkehrs zwischen Grevesmühlen und Klütz – Drücken wir die Daumen, daß das korrekt ist und nicht nur »Kalter Kaffee« .

163 Bomlitz - Walsrode 8 km

Es gibt Werkseisenbahnen, deren Geschichte vermag ganze Bücher zu füllen. Die Bahnen der Firmen Wolff Walsrode AG und der ehemaligen »EIBIA GmbH für chemische Produkte« , Werke Bomlitz, gehören dazu. Hier gab es beinahe alles zu sehen, was viele Eisenbahnfreunde an Werks- und Industriebahnen immer wieder fasziniert. Um ein besonders interessantes Kapitel allerdings ist die Geschichte am **1. Juni 1991** ärmer geworden: mit Beginn des Jahresfahrplans 1991/92 endete der (spärliche) öffentliche Personenverkehr, den die Wolff-Werksbahn zwischen dem Werk Bomlitz und dem DB-Bahnhof Walsrode abwickelte. Es wurden dabei also nicht nur Werksgleise zwischen Bomlitz und Cordingen benutzt, sondern ab Cordingen auch die Schienen der 1980 auf das Reststück Cordingen - Walsrode zurückgestutzten DB-Strecke von Visselhövede nach Walsrode (siehe »Abschied von der Schiene« , Band I).

Wolff Walsrode ist ein weltweit tätiges Unternehmen, das seit über 100 Jahren einen großen Namen als Schießpulver- und Sprengstoffhersteller hat. Dabei

Staatsbahnhof Cordingen mit Stellwerk Cf am 08.06.1984: Hinter dem Stumpfgleis das Bahnsteiggleis der Strecke Walsrode - Visselhövede, während die Züge Walsrode - Bomlitz am Bahnsteig hinter dem Gebäude hielten. Vorne am 31.05.1980 und hinten am 01.06.1991 zum letzten Mal.

Hauptsächlich Schüler benutzten am 08.06.1984 den Mittagszug von Walsrode nach Bomlitz, der aus Lok 8 und zwei vierachsigen Umbauwagen 2. Klasse gebildet war. Links ist der zweigleisige Lokschuppen der Wolff-Werkbahn erkennbar.

Lok 8 setzt am Personenbahnhof Bomlitz mit seiner verspielten Dachkonstruktion vom Bahnsteiggleis auf das Umsetzgleis um. Direkt hinter der Lok ist das Werktor erkennbar. Die Lok wurde 1970 von der MaK in Kiel geliefert und gehört zu deren Type G 700 C. Nur wenige Loks dieser Bauart fanden den Weg zu Privatbahnen. Aufnahme vom 08.06.1984.

Im April 1991 besteht die von der DB zur Verfügung gestellte Garnitur aus zwei Eilzugwagen mit Mitteleinstieg. Gegenüber dem Bomlitzer Bahnsteig steht als Denkmal zur Erinnerung an die Zeit des Elektrobetriebes die 1917 von den Siemens-Schuckert-Werken gelieferte E-Lok 1.

reicht der Kundenkreis von der nächsten Nachbarschaft – die Lüneburger Heide ist bekanntlich noch immer gespickt mit Schießplätzen und Kasernenanlagen – bis in den pazifischen Raum. Bei Wolff werden beispielsweise Güterwagen beladen, die über die transsibirische Eisenbahn zu Kunden in Fernost rollen.

Während das DB-Teilstück Walsrode - Cordingen am 1. Juni (Güterverkehr) bzw. 25. August 1890 (Personenverkehr) durch die Preußischen Staatseisenbahnen eröffnet wurde, begann die Geschichte der Wolff-Werksbahnen bereits 1875 mit einer Schmalspur-Feldbahn (600 mm), die schrittweise auf ein Gesamtnetz von 3,3 km ausgebaut wurde. Erst am 15. Mai 1915 wurde die normalspurige Werkseisenbahn zum Staatsbahnhof Cordingen in Betrieb genommen (zunächst vom Werksteil Kiebitzort aus), wobei Wolff auch die Erlaubnis zur Personenbeförderung erhielt. Nur wenige Wochen nach Eröffnung der Werkseisenbahn begann der Betrieb mit Elektrolokomotiven. Angesichts der Empfindlichkeit der von der Wolff AG produzierten Güter gegen Funkenflug ist das nur allzu gut verständlich. Für viele Jahre wurden nun auf den Werksgleisen Elloks, Dampfloks und bald auch Dieselloks nebeneinander eingesetzt.

Im Jahre 1944, das auch den Höhepunkt der Rüstungsproduktion im Deutschen Reich markiert, erreichten die Wolff/EIBIA-Bahnen in und um Bomlitz eine Gesamtlänge von 31,6 km. Neben den vier Elektroloks waren zu dieser Zeit sechs Dampfloks und 28 Dieselloks im Einsatz. Der tiefe Fall, der Zusammenbruch Deutschlands 1945, traf natürlich auch Wolff und die Wolff-Bahnen. Etwa 20 Streckenkilometer wurden nach Kriegsende abgebaut (und großenteils nach Jugoslawien gebracht). 40 Jahre nach Kriegsende übrigens umfaßte das Netz bereits wieder 15 km.

Zu den Kriegsfolgen muß wohl auch der Umstand gerechnet werden, daß der zuvor nur für Werksangehörige abgewickelte Personenverkehr ab 1948 auch der Allgemeinheit zugänglich war. 1950 wurden allein für den Personenverkehr täglich neun Zugpaare eingesetzt. Bis Anfang der 80er Jahre war das Angebot jedoch schon stark zusammengeschmolzen, 1983/84 schließlich wurde der Personenverkehr auf ein einziges Zugpaar reduziert. Mit Ende des Jahresfahrplans 1990/91 wurde es schließlich aus dem Verkehr gezogen.

Die Zeit der Elektrotraktion bei den Wolff'schen Bahnen war übrigens schon 1980 zu Ende gegangen, das ausgesprochen unterhaltungsaufwendige Oberleitungsnetz wurde anschließend demontiert. Ellok Nr. 1 erinnert heute als Denkmal neben dem Depot und dem alten Bahnsteig in Bomlitz an diese interessante Epoche deutscher Werksbahnengeschichte.

168 Velgast - Tribsees 30 km

Man hätte kaum ein schöneres Beispiel für einen ländlichen Nebenbahnknoten finden können als das neuvorpommersche Städtchen Tribsees. Nicht weniger als vier Strecken von vier Unternehmen kamen hier zusammen, die Station verfügte über einen Werkstattschuppen für Loks und einen für Triebwagen, über einen Ringlokschuppen mit Drehscheibe, über zahllose Anschluß- sowie Ladegleise und so weiter. Bei den vier Strecken, die allesamt zwischen 1895 und 1901 eröffnet wurden, handelte es sich um die staatliche Nebenstrecke Rostock - Sanitz - Tribsees der Mecklenburgischen Friedrich-Franz-Eisenbahn (MFFE, eröffnet 1895; Tribsees selbst lag allerdings schon in Preußen), um die private Nebenbahn Greifswald - Grimmen - Tribsees der Eisenbahngesellschaft Greifswald-Grimmen (GGE; eröffnet 1896), um die ebenfalls private Nebenbahn Franzburg - Tribsees der Eisenbahn-Gesellschaft Stralsund-Tribsees (Str. Tr. E.; eröffnet 1901) sowie um die Kleinbahn Velgast - Tribsees der Franzburger Südbahn. Mit dieser also müssen wir uns etwas genauer befassen.

Die Franzburger Südbahn, eine typische preußische Kleinbahn, bestand zeitlebens nur aus der 30 km langen Verbindung von Velgast (an der Hauptstrecke Rostock - Stralsund) über Neu Seehagen nach Tribsees (Velgast - Ravenhorst eröffnet am 23. November 1894, Ravenhorst - Tribsees am 19. Mai 1895) sowie der Zweiglinie Neu Seehagen - Franzburg (eröffnet am 18. Oktober 1898; Franzburg selbst lag zudem noch an der Linie Stralsund - Tribsees). Den Betrieb auf der Franzburger Südbahn führte übrigens das namhafte Berliner Kleinbahn-Unternehmen Lenz & Co. In diesem erstaunlich dichten neuvorpommerschen Streckennetz bildete also Tribsees den Mittelpunkt, was wohl darauf zurückzuführen ist, daß die alte Ackerbürgerstadt auch über einige kleinere Industriebetriebe verfügte, die über die landestypischen Agrarprodukte hinaus auch einiges Güteraufkommen versprachen.

Der Kern des Bahnhofs Tribsees bestand aus Anlagen der MFFE (Strecke nach Rostock), dazu gehörte auch der Ringlokschuppen, in dem allerdings auch ein

Während auf der »richtigen« Bahnhofsseite am 07.05.1995 eine E-Lok mit einem Doppelstockzug einläuft, wartet auf dem Bahnhofsvorplatz der 771 059 auf Anschlußreisende nach Tribsees. Beim Bau der Franzburger Südbahn mußte diese natürlich den Staatsbahnhof meiden.

Die Franzburger Südbahn besaß eine Unzahl von kleinsten Haltepunkten, die zum Teil kaum noch in der Botanik erkennbar waren. Am 30.11.1994 hat der Stammtriebwagen der Strecke den Haltepunkt Hövet erreicht. Nennenswerte Ansiedlungen - geschweige denn Fahrgäste - sind hier nicht zu sehen. Der Wagen wurde am 05.10.1964 beim Bw Prenzlau in Dienst gestellt, hat also zum Zeitpunkt der Aufnahme bereits sein 30-jähriges Dienstjubiläum hinter sich.

Das war die Franzburger Südbahn! Alleen, weite Felder, undefinierbare Gleiskörper, leicht hügelige Landschaft, für 30 km Strecke über 60 Minuten lang starker »Seegang« und das Ächzen und Quietschen des alten Triebwagens auf den ausgeleierten Gleisen. Wieviel Erlebnis für drei oder vier Mark! Aufnahme vom 07.05.1995.

Auch das gehört zur scheinbaren Idylle: Der junge Mann wurde am 07.05.1995 in Semlow von den Eltern in die Obhut des Triebwagenführers gegeben und in Tribsees Steintor von der Oma abgeholt. Auf die weite Reise allein begleitete ihn sicherheitshalber ein (Spielzeug-)Auto. Aufnahme vom 07.05.1995 zwischen Landsdorf und Tribsees Landstraße (siehe auch Farbteil Seite 50 und Titelbild).

Stand für die Greifswald-Grimmener Bahn und einer für die Franzburger Südbahn reserviert war. Auch die Stralsund-Tribseeser Bahn war unter anderem mit ihren Werkstätten und Schuppen für Loks und Triebwagen stark vertreten. Die Franzburger Südbahn hingegen war bis 1945 nur über den »Lieferanteneingang« (zwei kurze Gleise neben dem Empfangsgebäude und ein Übergabegleis) mit dem Bahnhof Tribsees verknüpft.

Das Kriegsende 1945 jedoch führte zu einer schlagartigen Veränderung der Situation. Bis auf die Velgaster Strecke wurden im August bzw. Oktober 1945 alle anderen stillgelegt, die Gleise wurden zumeist demontiert und in die Sowjetunion verfrachtet. Fortan mußte also die ehemalige Kleinbahn, die 1939 in den Pommerschen Landesbahnen, einem Zusammenschluß der zahllosen Klein- und Privatbahnen Vorpommerns aufgegangen war, allein die Anbindung Tribsees an das Schienennetz gewährleisten. 1949 ging sie wie alle bis dahin nicht reichsbahneigenen Bahnen des öffentlichen Verkehrs in der DR auf und kam weiter in altgewohnter Weise ihren Aufgaben nach. Erst mit Ende des Jahresfahrplans 1994/95 kam das »Aus« , am **27. Mai 1995** fuhren auf der »Franzburger Südbahn« (wie sie bis dahin auch im Kursbuch hieß) die letzten planmäßigen Reisezüge. Genau 62 Minuten benötigten diese für die 30 km lange Verbindung, die nur so gespickt war mit kleinen Bedarfshaltepunkten (elf von dreizehn Zwischenstationen), deren Zustand zudem meist nicht viel besser war als der des Oberbaus: kaum wiederzufindende Gleise inmitten üppig wuchernden Grüns. Am Ende hatte also doch die Kleinbahnzeit die »Franzburger Südbahn« wieder eingeholt.

180/10140 Warnemünde - Gedser (DK) 48 km

Zu den »Opfern der Wende« muß man wohl auch die traditionsreiche Eisenbahn-Fährlinie Warnemünde - Gedser (- Kopenhagen) rechnen. In direkter Konkurrenz zur erheblich schnelleren Verbindung über Puttgarden, zur »Vogelfluglinie« also, hatte sie zuletzt kaum noch eine Marktchance. Zum Vergleich: die 209 km zwischen Puttgarden und Kopenhagen (davon 21 km per Schiff) wurden im Sommer 1995 von den EC in 2.54 Stunden zurückgelegt, die 224 km zwischen Warnemünde und Kopenhagen (davon 48 km per Schiff) vom IR »Neptun« (Ausgangsbahnhof: Berlin-Lichtenberg) in 5.05 Stunden. Da ist selbst für Berliner inzwischen der Umweg über Lübeck zeitlich günstiger. Also wurde mit Ablauf des Sommerhalbjahres am **23. September 1995** das »Neptun« -Paar von der Fähre genommen, desgleichen das Nachtzugpaar »Ostsee-Expreß« Kopenhagen - Berlin-Lichtenberg. Damit hatte eine der traditionsreichsten Eisenbahn-Fährverbindungen aufgehört zu bestehen.

Ihre Anfänge liegen im späten 19. Jahrhundert. Am 1. Juli 1886 hatte Warnemünde durch die sogenannte Lloyd-Bahn Warnemünde - Rostock - Neustrelitz - Berlin Eisenbahnanschluß erhalten, Konzessionär dieser Strecke war die »Eisenbahn- und Dampfschiffahrts-Aktiengesellschaft Deutsch-Nordischer Lloyd« gewesen. Gleichzeitig mit der Eisenbahn wurde auch eine Postdampferlinie Warnemünde - Gedser in Betrieb genommen. Schon zum 1. April 1894 jedoch, also in der zweiten mecklenburgischen Eisenbahn-Verstaatlichungswelle, ging die Bahn ins Eigentum der Großherzoglich Mecklenburgischen Friedrich-Franz Eisenbahn über. Mecklenburg und Dänemark vereinbarten nun die Umwandlung der Postdampferlinie in eine Eisenbahn-Fährverbindung. Diese nahm am 1. Oktober 1903 ihren planmäßigen Verkehr auf.

Ein Kapitel für sich ist die Geschichte der Eisenbahnfährschiffe, die zwischen Warnemünde und Gedser fuh-

344 788, eine remotorisierte V 60 der Deutschen Reichsbahn, schiebt am 21.09.1994 den Interregio »Neptun« nach Kopenhagen auf die »Warnemünde«. Der IR besteht hier nur aus zwei Wagen, so daß von den 328 m Gleislänge auf den drei Gleisen des Fährschiffs lediglich 52,8 m genutzt werden. Viel Platz für PKW und LKW!

IR »Neptun« nach Berlin und Chemnitz ist komplett. Der Rangierer hat gerade die ein Jahr alte 112 144 an den Zug gekoppelt, der aus zwei Wagen aus Kopenhagen besteht, während der Rest erst ab Warnemünde mitläuft. Die im Schienenverkehr stillgelegte Strecke besteht genaugenommen nur aus dem ca. 200 m langen Abschnitt zwischen dem Zugende und dem im Hintergrund sichtbaren Fährschiff. Denn der Abschnitt davor wird weiterhin von der S-Bahn nach Rostock benutzt. Dahinter fuhren nur die Schiffe. Aufnahme vom 08.05.1995 (siehe auch Farbteil Seite 51).

ren. Wir müssen uns hier aus Platzgründen auf das letzte Kapitel beschränken, die Zeit ab dem 26. Mai 1963 nämlich. An diesem Tag nahm die »Warnemünde« der DR ihren Dienst auf, nachdem rund 16 Jahre lang die »Danmark« praktisch alleine den Eisenbahnfährdienst zwischen Warnemünde und Gedser bestritten hatte (die noch aus der Eröffnungszeit der Fährverbindung stammende »Mecklenburg« war nach dem Zweiten Weltkrieg nach Polen gekommen, die 1928 in Dienst gestellte »Schwerin« hatte während einer Revision in Rostock 1943 einen Bombentreffer erhalten und war vollständig ausgebrannt). Zu dieser Zeit wurde der seit 1960 verkehrende »Neptun-Expreß« abwechselnd mit dänischen Lyntog-Triebwagen und mit DR-Triebwagen der Baureihen 182.0 bzw. 175.0 gefahren. Zur besseren Ausnutzung der Fährschiffskapazitäten wurden ab Herbst 1977 anstelle des Triebwagens zwei D-Zug-Wagen trajektiert. Dabei blieb es bis zum Schluß.

Die »Warnemünde« hat in der Regel im Sommer den Eisenbahnfährbetrieb alleine bewältigen können, nur bei Werftaufenthalten oder in der verkehrsschwächeren Winterperiode kamen an ihrer Stelle dänische Schiffe zum Einsatz. Neben Eisenbahnwagen und Passagieren beförderte die »Warnemünde« übrigens auch Pkw, Busse und Lkw; das war in letzter Zeit sowieso schon weit lukrativer als das Übersetzen schlecht frequentierter Eisenbahnwaggons.

186 Neubrandenburg - Friedland (Meckl) 26 km

Mitten in der Fahrplanperiode, am **14. Januar 1994**, wurde auf der mecklenburgischen Nebenbahn Neubrandenburg - Friedland der Schienenpersonenverkehr eingestellt. Die Einstellung war schon seit einigen Monaten geplant, aber nicht genau zu datieren gewesen. Der Anlaß: Die Friedländer Strecke führte nördlich des Bahnhofs Neubrandenburg über die Hauptbahn Neustrelitz - Stralsund. Die wiederum wurde derzeit elektrifiziert, weshalb die Brücke für die Nebenbahn durch eine neue hätte ersetzt werden müssen. Angesichts des inzwischen sehr spärlichen Personenverkehrs wären die Investitionen wohl nicht zu rechtfertigen gewesen. Der noch relativ umfangreiche Güterverkehr nach Friedland muß nun den Umweg über die Gleise der Industriebahn Neubrandenburg nehmen, in Neubrandenburg Vorstadt werden die Übergabezüge umgesetzt.

Kuriosum am Rande: Normale Einsatzlok am letzten Plantag war die Reichsbahn-Diesellok 202 272, den letzten Planzug nach Friedland jedoch, Abfahrt um 22.00 Uhr (!) in Neubrandenburg, zog die frühere DB-Dampflok 64 491, die dafür eigens mit einer DR-Computernummer versehen worden war. Eine solche Nummer hatte sie zuvor nie getragen. Da spielte es natürlich auch keine Rolle mehr, daß die ganze DR zwei Wochen zuvor aufgehört hatte zu bestehen – jedenfalls als offiziell existierende Behörde.

Die Neubrandenburg-Friedländer Eisenbahn war von dem Nebenbahn-Unternehmen H. Bachstein am 5. November 1884 in Betrieb genommen worden und

Zwei ähnlich aussehende Brücken führten die Friedländer Bahn in Neubrandenburg in einem großen Bogen über die Strecken nach Stralsund und Güstrow (hier im Bild am 08.05.1995). Schon beim Bau machten diese Brücken und der erforderliche große Bahndamm Probleme, konnten sie doch erst am 20.10.1885 eröffnet werden. Für die Zwischenzeit seit der Bahneröffnung am 05.11.1884 nutzte die Bahn ein provisorisches Gleis durch die heutige Ihlenfelder Straße. Beim Bau kostete dieser kurze Abschnitt mehr als der gesamte Rest der Bahn, gut 110 Jahre später war eine der Brücken dann der Anlaß für das Ende.

Noch im Stadtgebiet von Neubrandenburg kreuzt die Bahn bei Kilometer 2,6 die Bundesstraße 96. Die aufwendige Schrankenanlage und der Schrankenposten bieten ein hervorragendes Rationalisierungspotential für die gerade am Vortag festlich gegründete DB AG. Aufnahme vom 11.01.1994.

Immerhin vier Fahrgäste verlassen am 11.01.1994 den N 15860 im Bahnhof von Neuenkirchen. Die Zuglok 232 186 wurde 1975 in der Lokfabrik »Oktoberrevolution« im fernen Lugansk (damals gerade Woroschilowgrad genannt) gebaut. Mit ihren 3000 PS kommt sie auf eine bemerkenswerte Leistung pro Fahrgast. Die Klammern an den Fensterrahmen sollen verhindern, daß die Frontfenster herausfallen.

Drei Tage zuvor, am 08.01.1994, hat 202 272 den Zug nach Friedland gebracht und wartet nun auf die Rückfahrt. Mit »nur« 1200 PS ist die V 100 schon erheblich wirtschaftlicher - aber nicht wirtschaftlich genug: Nur sechs Tage später wird die Strecke Neubrandenburg - Friedland zur ersten stillgelegten Reisezugstrecke der neuen DB AG.

ging wie die meisten Privatbahnen der sowjetischen Besatzungszone am 1. April 1949 – die DDR wurde übrigens erst ein halbes Jahr später gegründet – an die Deutsche Reichsbahn über. Die Beendigung ihres Personenverkehrs markiert gewissermaßen auch das wohl endgültige »Aus« des einst so vielfältigen Neben- und Kleinbahnsystems im mecklenburg-vorpommerschen Hauptbahn-Dreieck Neubrandenburg-Pasewalk-Stralsund. Denn Friedland war ab 1891/92 Ausgangspunkt der Mecklenburg-Pommerschen Schmalspurbahnen (MPSB) geworden, deren Streckennetz kontinuierlich wuchs und in besten Jahren rund 230 km Schmalspurstrecke (600 mm) umfaßte. Der Untergang kam im Frühjahr 1945. Die sowjetischen Besatzer beschlagnahmten die MPSB, ließen das Streckennetz bis auf den 36 km langen Stamm Friedland - Anklam demontieren und in die Sowjetunion abfahren. Mit den 200 km Gleisen verschwanden 20 Loks und 350 Wagen.

Ähnliches widerfuhr auch der Neubrandenburg-Friedländer Eisenbahn. Allerdings wurde die im Juni 1945 demontierte Strecke umgehend wieder aufgebaut, weil sich rasch herausgestellt hatte, daß die Versorgung der gewerbereichen Stadt Friedland ansonsten nicht zu bewerkstelligen war. Auch der älteste Schmalspurbahn-Abschnitt Friedland - Ferdinandshof wurde Ende 1947 wieder in Betrieb genommen. Ein Großteil des Friedländer Hinterlandes blieb allerdings fortan für die Schiene verloren. 1969 wurde auch der verbliebene Schmalspurbetrieb zwischen Anklam und Friedland eingestellt. Wie lange nun das gewerbliche Potential Friedlands ausreicht, um zumindest den Erhalt des Güterverkehrs auf der Strecke nach Neubrandenburg zu sichern, bleibt abzuwarten.

204.4 Wustermark - Nauen siehe Seite 8

208 Beeskow - Lübben Süd 41 km
213 Luckau - Uckro 8 km
213 Uckro - Herzberg (Elster) Stadt 37 km

Nicht nur an der Peripherie der Metropole Berlin fehlte es an einem Verbindungsring, der die sternförmig auf die Haupstadt Preußens und des Reiches zulaufenden Hauptstrecken verknüpfte, auch weiter außerhalb machte sich die radiale Ausrichtung des Schienenetzes unangenehm bemerkbar. Beispielsweise in der Niederlausitz, die gleich von mehreren auf Berlin zulaufenden Hauptbahnen durchquert, aber damit natürlich keineswegs in sich erschlossen wird. Um diesen Mangel in ihrem Gebiet zu heilen, beauftragten die Kreise Luckau und Schweinitz die Eisenbahnbau- und Betriebgesellschaft Henning, Hartwich & Co in Berlin, eine Querverbindung zwischen Lübben im Spreewald (an der Hauptbahn Berlin - Cottbus) und dem Eisenbahnknoten Falkenberg an der Elster herzustellen. Das Unternehmen erhielt den Namen »Niederlausitzer Eisenbahn-Gesellschaft« . Zwischen Luckau und Uckro Süd (Uckro liegt an der Magistrale Berlin - Dresden) wurden, zunächst unter Verantwortung der Baufirma, vom 26. November 1897 an die ersten Züge eingesetzt. Allerdings traten bei der landespolizeilichen Bauabnahme so viele Mängel zutage, daß der Betrieb für kurze Zeit wieder eingestellt werden mußte und sich die Eröffnung der anderen Abschnitte verschob. Die offizielle Inbetriebnahme vollzog sich

Westwärts verlassen drei Strecken den Bahnhof Beeskow. Während die Linie nach Fürstenwalde schon kurz hinter dem Bahnhof nach Norden abzweigt, laufen die Linien nach Königs Wusterhausen und nach Lübben zunächst parallel. Am 09.05.1995 ist 202 783 an der Abzweigstelle unterwegs nach Lübben und Luckau.

Zwischen Bückchen und Groß Leuthen-Gröditsch hat 202 783 keine allzu große Mühe mit nur einem Waggon der Bauart B(m)h 721. Auch wenn diese Fahrzeuge erst seit 1978 im Raw Halberstadt in großer Serie gebaut wurden, werden sie bereits wieder in moderne Regional-Express-Wagen umgebaut. Aufnahme vom 09.05.1995.

Zugkreuzung in Groß Leuthen-Gröditsch: 202 783 und 202 724 mit je einem »Halberstädter«. Der Bahnhof ist eine typische Kompromiß-Station, liegt er doch in freiem Feld mitten zwischen den beiden namensgebenden Ortschaften, zu denen man jeweils 1,5 km marschieren muß. Groß Leuthen-Gröditsch war ursprünglich Wasserstation für die Dampflokomotiven auf halbem Weg zwischen Beeskow und Lübben, und später gab es dort für das Militär ein 400 Meter langes Ausweichgleis.

Lübben Haltepunkt (früher Lübben Nord) hieß der Bahnhof der Niederlausitzer Eisenbahn unweit des Staatsbahnhofs Lübben Hbf, der über die rechts sichtbare Schranke der Hauptbahn erreichbar war. Seit dem 27.05.1995 wird auch Lübben Hp nicht mehr bedient, da die weiterhin verkehrenden Züge aus Luckau seit 1952 über Lübben Süd direkt den Hauptbahnhof anfahren. Am 09.05.1995 gibt die Schaffnerin das Abfahrsignal und der Zug aus Beeskow setzt sich in Richtung Lübben Süd und Luckau in Bewegung.

dann folgendermaßen: Luckau - Uckro Süd am 20. Dezember 1897, Luckau - Lübben Nord und Falkenberg - Uckro Süd jeweils am 15. März 1898.

Obwohl – oder weil? – der Verkehr auf der 72 km langen Nebenbahn gering blieb (was angesichts der Siedlungsstruktur auch nicht anders zu erwarten gewesen war), wurde schon im Jahr 1900 mit der Verlängerung der Bahn über Lübben hinaus nach Beeskow (an der Strecke Königs Wusterhausen - Grunow - Frankfurt/Oder) begonnen; das war immerhin eine Distanz von noch einmal 40 km! Am 24. November 1901 wurde dieses Teilstück eröffnet. Aber auch das konnte die unbefriedigenden Betriebsergebnisse nicht heben. Die Gesellschaft blieb ständig in Geldnot, und 1909 standen ihre Aktien so tief im Kurs wie bei keiner anderen Privatbahn in Deutschland. Keinen Gewinn brachte auch der Anschluß der staatlich preußischen Nebenbahn aus Finsterwalde in Luckau. Zwar wurde der dortige Bahnhof auf Kosten der Staatsbahn erheblich vergrößert, aber diese achtete sehr darauf, daß der Privatbahn nicht mehr Güterverkehr zukam, als unvermeidbar war; schließlich mußten ja auch die staatlichen Nebenbahnen auf jeden Pfennig achten.

Während des Ersten Weltkriegs verschärfte sich die Notlage der »Niederlausitzer Eisenbahn-Gesellschaft« weiter, und 1921 sah man sich schließlich gezwungen, den Betrieb der potenteren Allgemeinen Deutschen Eisenbahnbetriebs-Gesellschaft, Berlin, zu überlassen. Bessere Zeiten, jedenfalls für unsere Niederlausitzer Bahn, kamen erst mit der Aufrüstungspolitik der Nationalsozialisten. Der »Deutschlandsender« bei Herzberg, der Militärflugplatz bei Duben sowie Munitionsfabriken in Rochau und Krugau sorgten für reichlich Verkehr. In den letzten Kriegswochen war aber just deshalb die Strecke ein gesuchtes Ziel für Tiefflieger, Strecke und Fahrzeugpark wurden schwer in Mitleidenschaft gezogen.

Der Wiederaufbau der Niederlausitzer Eisenbahn zog sich bis 1951 hin, dann erst war sie wieder durchgehend befahrbar. Aber der Zustand blieb mangelhaft, ebenso der Verkehr, da die Anschlüsse zu den miltärischen Anlagen abgebaut worden waren. Erst in den 1970er und 80er Jahren erneuerte die DR, unter deren Fittiche am 1. April 1949 auch die Niederlausitzer Eisenbahn gekommen war, die Anlagen und baute die Strecke für 21 t Achsdruck aus. Weil die Strecke die Eisenbahnknoten Frankfurt/Oder und Falkenberg verknüpfte und

Schaffnerin und ein Fahrgast haben am Abend des 09.05.1995 mit dem abgebildeten modernen Nah- (und Fern-?)verkehrsfahrzeug im sogenannten Schienenersatzverkehr auf der Strecke Luckau - Uckro den Bahnhof Uckro erreicht. Das alte Bahnhofsgebäude dokumentiert deutlich den Kontrast zwischen zwei Welten. Der Firma Daimler-Benz mag die Systemfrage einerlei sein - ist man doch in beiden Welten gut repräsentiert.

Uckro am frühen Morgen des 10.05.1995: 202 507 hat ihre zwei Bghw 522 »Reko«-Wagen abgekuppelt und setzt nun ans andere Zugende, um den Zug zurück nach Falkenberg zu bespannen. Uckro ist so »bedeutend«, daß es drei Empfangsgebäude nebeneinander besitzt: Das im Bild sichtbare der Niederlausitzer Eisenbahn, rechts daneben das Gebäude der Staatsbahn an der Strecke Dresden - Berlin und daneben das der Dahme-Uckroer Eisenbahn.

Typische Kleinbahnatmosphäre auch in Langengrassau: Das Bahnhofschild ist wegen Altersschwäche an die Schuppenmauer gelehnt, und selbst Dampf gibt es hier noch! 202 507 heizt wie alle älteren Dieselloks ihre Waggons noch mit Dampf. Am 10. 05. 1995 nimmt eine Kindergartengruppe Abschied von der Bahn und fährt eine Station bis Wüstermarke im Zug mit.

Größere Brücken besaß die Niederlausitzer Eisenbahn über die Schwarze Elster bei Herzberg Stadt (hier im Bild am 10.05.1995), über die Berlin - Dresdener Bahn (bei Langengrassau), über die Berlin - Görlitzer Bahn (bei Lübben) und über die Spree (bei Hartmannsdorf mit 21 Bögen und bei Wittmannsdorf mit 5 Bögen). Größere Einsparungen sind also für den DB-Geschäftsbereich »Fahrweg« in Sicht... (siehe auch Farbteil Seiten 51 und 52).

dabei die »Engpässe« Berlin und Cottbus umging, hatte sie im Ost-West-Verkehr große militärische Bedeutung. Zudem war sie inzwischen wieder vom Militär (Rote Armee und DDR-Volksarmee) gesäumt. Offiziell blieb die Linie eine Nebenbahn, aber für den »Verteidigungsfall« konnte sie sofort mit mehr Personal besetzt und dann als Hauptbahn zügig genutzt werden. Wenigstens der Abschnitt Uckro - Lübben konnte tatsächlich kurze Zeit von diesem Ausbau profitieren, als über ihn 1981 wegen Elektrifizierungsarbeiten an der Hauptbahn Berlin - Dresden sogar einige Schnellzüge verkehrten.

Das war's dann aber auch. Bis auf den Abschnitt Falkenberg - Herzberg sowie – mit Abstrichen – Lübben - Luckau blieb die Niederlausitzer Eisenbahn weiterhin bedeutungslos. Angesichts des drastischen Rückgangs des öffentlichen Personenverkehrs nach 1990 war die Stillegung nur eine Frage der Zeit. Der vorzeitige Auftakt wurde aus technischen Gründen am **28. Februar 1995** zwischen Luckau und Uckro gesetzt, die Abschnitte Herzberg Stadt - Uckro und Lübben Süd - Beeskow folgten »planmäßig« mit Ablauf des Jahresfahrplans am **27. Mai 1995**.

223 Königshain-Hochstein - Görlitz 13 km

Die Nebenbahn von Görlitz nach Königshain-Hochstein, auf der zuletzt sogar sonntags noch vier Zugpaare angeboten wurden, war das Reststück der von der Görlitzer Kreisbahn geschaffenen Strecke nach Weißenberg in Sachsen. Also haben wir es hier mit einer einst grenzüberschreitenden Linie zu tun, denn Görlitz gehörte damals noch zu Preußen.

Großes Kopfzerbrechen wird das den Erbauern und später den Betriebsleitungen nicht bereitet haben, denn von internationalem Verkehr nach heutigen Vorstellungen konnte hier natürlich keine Rede sein. Vielmehr wurde das sächsische Weißenberg (übrigens war die Station Weißenberg Süd auch die einzige »ausländische« Station der Kreisbahn) wohl lediglich deshalb angebunden, weil hier mit der Linie Löbau - Radibor ein weiterer Staatsbahnanschluß erreicht werden konnte.

Federführend beim Bau der Görlitzer Kreisbahn war die Berliner Eisenbahnbau- und Betriebsgesellschaft Lenz & Co. Lenz war, wie die Firma Bachstein, die wir schon bei der Neubrandenburg-Friedländer Eisenbahn kennengelernt haben, eines der größten und namhaftesten Unternehmen im seinerzeit noch recht lukrativen Nebenbahn-Geschäft. Mit 700 000 Mark beteiligte sich Lenz & Co am Aktienkapital, jeweils 500 000 Mark übernahmen der Staat Preußen und die Stadt Görlitz. 1903 begannen die Bauarbeiten, dabei mußte für die Kreisbahn in Görlitz an der Rauschwalder Straße ein eigener Bahnhof eingerichtet werden, weil die Königliche Eisenbahn-Direktion Breslau die Mitbenutzung des Staatsbahnhofs untersagte. Am 31. Mai 1905 konnte der Personenverkehr vom Kreisbahnhof über Königshain-Hochstein, den größten Zwischenbahnhof, bis zum vorläufigen Endbahnhof Krischa-Tetta feierlich eröffnet werden. Ab Königshain-Hochstein waren einige Abschnitte so steil trassiert worden, daß der Gesamtbetrieb der Bahn zunächst mit Zahnradlokomotiven bewältigt werden mußte.

Die Verlängerung bis Weißenberg kam nicht recht voran, weil man seinerzeit in Sachsen mit dem Privatbahnwesen nicht mehr viel zu tun haben wollte. Erst 1912 erteilte die Landesregierung die Erlaubnis zum Weiterbau, und am 17. Dezember 1913 konnte auch hier der regelmäßige Betrieb aufgenommen werden.

Aus den folgenden Jahren gibt es nicht viel Aufregendes von der Görlitzer Kreisbahn zu berichten. Höchstens, daß die Görlitzer WUMAG, damals führender Produzent von Dieseltriebwagen, auch die Kreisbahngleise für ihre Probefahrten benutzte. Kurios jedoch verlief das Ende der Kreisbahn als Privatbetrieb. Nachdem schon im Herbst 1945 Landrat und Oberbürgermeister von Görlitz ohne Erfolg bei der Reichsbahndirektion Dresden um eine Übernahme der Kreisbahn nachgesucht hatten, tauchte überraschenderweise am 30. Juni 1946 die Görlitzer Kreisbahn auf der Liste A der entschädigungslos zu enteignenden Unternehmen auf, in einer Reihe mit Rüstungsproduzenten und Kriegsverbrechern also. Als nun landeseigene Bahn wurde sie ab 1. Juni 1947 von der RBD Dresden verwaltet, die tatsächliche Übernahme durch die DR erfolgte am 11. Mai 1948.

Die Reichsbahn-V 100 (heutige Baureihen 201 bis 204) waren nach drei Zahnradlokomotiven und verschiedenen »ELNA« die dritte Lokomotivgeneration auf der Görlitzer Kreisbahn. Am 29.04.1993 hat 202 390 den Haltepunkt Königshain-Liebstein erreicht, wo lediglich ein Warteraum und eine Fernsprechbude vorhanden waren.

Nahverkehrszug 4137, bestehend aus zwei »Reko«-Vierachsern und 202 369, nähert sich am 02.05.1993 dem Haltepunkt Nieder-Königshain. Eine solche Garnitur repräsentiert sicherlich den Nebenbahnzug schlechthin der Deutschen Reichsbahn kurz vor dem Ende ihrer Existenz.

Blick in die »gute Stube« des Bahnhofs Königshain-Hochstein am 29.04.1993. Tisch, linke Bank und die Tür mit integriertem Schalterfenster dürften noch aus der Eröffnungszeit stammen, der neuere Ofen dagegen wäre eine Zierde mancher Wohnzimmer der sechziger Jahre gewesen.

Königshain-Hochstein hatte nicht nur einige Bedeutung im Ausflugsverkehr - der große verandaartige Warteraum belegt dies -, sondern war mit seinen berühmten Granitbrüchen der Hauptanlaß zum Bau der Bahn. Königshainer Granit wurde sogar beim Reichstagsbau in Berlin verwendet und unzählige Steinzüge haben den Bahnhof über die verschiedenen Anschlußgleise erreicht.
Das ist alles lange her – am 29. 04. 1993 herrscht hier Endzeitstimmung.

Nach der Verstaatlichung stand einem alten Wunsch der Bahn nichts mehr im Wege: ab 1. Juli 1948 begannen und endeten alle Züge zwischen Görlitz und Weißenberg im Görlitzer Hauptbahnhof. Allerdings: der Abschnitt Königshain - Weißenberg war auch damit nicht mehr zu retten. Die Fahrgastzahlen gingen zurück, wichtige gewerbliche Anlieger hatten ihren Betrieb aufgegeben. Am 30. September 1972 fuhr der letzte Zug von Weißenberg nach Görlitz. Da bereits am 27. Mai 1972 auch auf der Strecke Löbau - Radibor der Personenverkehr eingestellt worden war, mußten die Weißenberger fortan ohne Eisenbahn auskommen.

In den Folgejahren gaben auch zwischen Königshain und Görlitz wichtige Bahnkunden den Schienengüterverkehr auf bzw. stellten ihre Produktion ganz ein. Nebenher erlebte auch die DDR ihren Moped- und Auto-Boom. Angesichts des schlechten Gesamtzustandes der Strecke war auch das Ende des schwachen Personenverkehrs nur noch eine Frage der Zeit. Am **22. Mai 1993** ist diese Zeit abgelaufen.

267 Sandau (Elbe) - Schönhausen (Elbe) 24 km
268 Niedergörne - Stendal-Stadtsee 16 km

Unscheinbare Zettel an einigen Stationsbauten im Norden Sachsen-Anhalts informierten Ende 1995 die Reisenden über folgendes: »Aufgrund geringer Fahrgastzahlen und der damit verbundenen Unrentabilität wird der Reiseverkehr der DB AG ab 1. Januar 1996 auf folgenden Strecken ersatzlos eingestellt: KBS 264 Schönhausen - Sandau, KBS 268 Stendal - Niedergörne, KBS 302 Salzwedel - Diesdorf, KBS 306 Kalbe - Beetzendorf.«

Aber natürlich nicht aufgrund der Tatsache, daß die Strecken 264 (als der Betrieb tatsächlich eingestellt worden war, hatte sie noch die Nummer 267 getragen) und 268 gemeinsam auf einem solchen Aushang Platz finden mußten, sollen sie in einem Kapitel zusammengefaßt werden, sondern weil anhand dieser beiden eine besondere »Spezialität« der DDR-Eisenbahngeschichte gezeigt werden kann: die sogenannten »strategischen Reservestrecken« , die in den sechziger Jahren entstanden. Sie sollten im Kriegsfall Nachschubprobleme vermeiden helfen, wenn wichtige benachbarte Eisenbahnknoten oder -brücken zerstört waren. In diesem Falle ging es um Stendal und die Elbbrücke von Hämerten an der »Lehrter Bahn« , also der Magistrale Hannover - Berlin. Die Nebenbahn Schönhausen - Sandau erhielt eine Verbindungskurve in Richtung Berlin und etwa fünf km weiter nördlich einen etwa zwei km langen Abzweig zum Elbufer. 800 m weiter westlich, auf der anderen Seite des Flusses, setzten sich die Gleise fort zur Abzweigstelle Borstel an der Hauptbahn Stendal - Wittenberge, von der Abzweigstelle wurde zudem eine weitere Verbindungskurve in Richtung Westen an die Lehrter Bahn gelegt. Damit konnte – vorausgesetzt, die Lücke über der Elbe war durch eine Pionierbrücke geschlossen – sowohl die Brücke bei Hämerten als auch der Bahnhof Stendal ohne Fahrtrichtungswechsel umgangen werden. Gottlob konnte die Leistungsfähigkeit dieser strategischen Reservestrecke lediglich in Manövern, aber nie im »Ernstfall« erprobt werden.

Gleichwohl machte die auf dem westlichen Elbufer angelegte Verbindung noch eine erstaunliche Karriere. Sie wurde nämlich teilweise in die »Neubaustrecke« von Stendal nach Niedergörne integriert, mit der das dortige Atomkraftwerk – es sollte das größte der DDR werden – angeschlossen wurde. Am 3. Januar 1977 ging sie in Betrieb, damit ist sie die jüngste aller in diesem Buch behandelten Linien. Das AKW Niedergörne ist bekanntlich aus Sicherheitsgründen nicht mehr ans Netz gegangen, womit letztlich auch die »Geschäftsgrundlage« für den Bau der Nebenbahn, die außerhalb Stendals nur Niedergörne bediente, entfiel. Reisende gab es auch kaum welche, so daß die Stillegung am **29. Dezember 1995** lediglich die logische Konsequenz war.

Schließlich noch ein paar Worte zur Geschichte der 24 km langen Strecke Schönhausen - Sandau. Sie war am 19. September 1909 (19.09.1909!; man hatte damals also durchaus Sinn für »Zahlenspielereien«) von der Genthiner Kleinbahn in Betrieb genommen worden und ging mit dieser 1923 in der Kleinbahn-AG Genthin-Zie-

Natürlich gehörte es sich für eine private Kleinbahn nicht, die Bahnhofsanlagen der großen Staatsbahn mitzubenutzen. Man baute deshalb auf dem Bahnhofsvorplatz und nannte in diesem Fall die Station Schönhausen Nord. Mit der Enteignung 1949 (»VEB = Vom Eigentum befreit«) führte derartiges eher zu Verwirrung, und so avancierte Schönhausen Nord zum Bahnsteig 3 und 4 des Bahnhofs Schönhausen.

Von Schönhausen aus führte die Strecke zunächst in einem großen Bogen über die Hauptbahn Berlin - Lehrte. Deren Ausbau bzw. Neubau als Hochgeschwindigkeitsstrecke war auch der Anlaß bzw. Vorwand, die Strecke nach Sandau einzustellen. Das Gleis im Hintergrund rechts mit den abgestellten Güterwagen bildete übrigens zusammen mit anderen Abschnitten die Ersatzstrecke für den Verteidigungsfall von Berlin in Richtung Front.

Schlichte Bahnhofsgebäude im Stil von Siedlungshäusern waren typisch für die Genthiner Eisenbahn. Aufwendiger gestaltet und neben den Fensterläden der einzige Schmuck des Baues war die Typographie des Bahnhofsnamens Lübars-Neuermark.

Auch der Endpunkt Sandau besitzt einen eher schmucklosen Bahnhofsbau, zu dem nur der verbretterte Vorbau nicht recht passen will. Triebwagen 771 051 wartet auf die Rückfahrt nach Schönhausen. Das Fahrzeug - oder besser Reste des Wagengerippes samt Fahrgestell - wurde noch im gleichen Jahr im Raw Halle zum neuen Triebwagen gleicher Nummer »modernisiert« (alle Aufnahmen vom 21.05.1993).

Für ein derartig unscheinbares Foto hätten sich noch vor einigen Jahren bestimmte DDR-Dienststellen sehr interessiert, vor allem, wenn es in einem Buch abgedruckt worden wäre. Nach rechts abzweigend beginnt hier mit Schutzweiche die Strecke zur Elbe, die mittels einer am anderen Ufer im Wald lagernden Brücke im Ernstfall überbrückt worden wäre. Aber auch die Strecke geradeaus hat es in sich, entstand an ihrem Endpunkt immerhin das größte Kernkraftwerk der DDR.

202 438 wurde 1972 beim VEB Lokomotivbau-Elektrotechnische Werke »Hans Beimler« (wer kennt diesen alten Spanien-Kämpfer überhaupt noch?) in Hennigsdorf gebaut. Hier setzt sie vor der Kulisse des nie fertiggestellten Kernkraftwerks ans andere Zugende um.

Bis zuletzt wurden wertvolle Ausrüstungsteile per Bahn angeliefert. Dann begann fast nahtlos der Abriß. Aber milliardenteure Atomruinen sind bekanntlich - in West wie Ost - nicht ganz ungewöhnlich (alle Aufnahmen vom 06.12.1993).

sar auf (ab 1930 Kleinbahn AG Genthin). Am 1. April 1949 wurde auch die Genthiner Eisenbahn von der Deutschen Reichsbahn übernommen.

Stammstrecke der Kleinbahn war die Verbindung Genthin - Schönhausen gewesen (eröffnet am 25. Oktober 1899). Der Bahnhof Schönhausen lag südlich der Gleise der Lehrter Bahn. Für die Verlängerung in Richtung Sandau mußte die neue Kleinbahnstrecke über die Magistrale hinweggeführt werden. Das hierfür notwendige Brückenbauwerk wurde ihr schließlich zum Verhängnis. Der Ausbau der alten Lehrter Bahn — Erweiterung um zwei Hochgeschwindigkeitsgleise und Elektrifizierung – erzwang nämlich einen Abbruch der Brücke, zum **1. August 1993** wurde sie letztmals von einem Planzug befahren. Zweieinhalb Jahre lang wurde in der Öffentlichkeit der Eindruck vermittelt, es handele sich hier nur um eine vorübergehende Einstellung des Zugverkehrs, ehe der eingangs erwähnte Aushang das bestätigte, was Skeptiker stets vermutet hatten: das »Aus« war ein endgültiges.

Berlin (siehe Seite 14):
Bei der Berliner Stadtbahn handelt es sich nach der Terminologie unserer Buchreihe um eine längere Betriebsunterbrechnung (der Fernbahn) und um eine (allerdings nur zeitweilige) Neutrassierung (der S-Bahn). So fährt der S-Bahntriebwagen am 29.05.1996 auf den ehemaligen Gleisen der Fernbahn, während seine eigentliche Strecke dahinter grundlegend erneuert wird. Der Triebwagen ist wie die meisten S-Bahnen Berlins ein echter Veteran von 1929 und trägt schon seine 7. Nummer: 476 067/476 456/276 295/275 209/ET 165 452/3580 und bei Lieferung 2654. Aufnahme am provisorischen Bahnhof Hackescher Markt vor dem Bodemuseum.
Unten: Strecke 122: Auf einer Sonderfahrt treffen wir in Essel am 17.08.1996 die VT 168 (vorne) und VT 166 der EVB. Auf ihre alten Tage haben die 1962 bei MAN und 1960 bei WMD gebauten Schienenbusse noch ein neues »Outfit« erhalten.

Strecke 154: 202 437 und drei Bghw-Wagen bilden am 18.10.1994 die Garnitur zwischen Grevesmühlen und Klütz. Bei einem der drei »Reko«-Wagen hat man in einer Wagenhälfte die Sitze ausgebaut, um einen Packwagen für Fahrräder und Kinderwagen einzusparen.

Strecke 168: In Velgast besaß die Franzburger Südbahn ihren eigenen Bahnhof vor dem Gebäude der Hauptstrecke Rostock - Stralsund. Am 07.05.1995 wartet dort der 771 059 auf seinen nächsten Einsatz, der ihn zunächst vor die H-Tafel führen wird, um die Reisenden einsteigen zu lassen.

Strecke 180: Eine Rangierlok der Baureihe 344 als Zuglok eines internationalen Interregio dürfte eine Rarität sein. Auf dem kurzen Stück zwischen Fährschiff und dem Bahnhof von Warnemünde reichte allerdings auch Schrittgeschwindigkeit. Ebenfalls eine Rarität ist der erste Wagen hinter der Lok, einer der ganz wenigen gemischtklassigen Interregio-Wagen der DB (ABomz 229. 1), die eigens für den Fährschiffdienst umgebaut wurden. Denn ein eigener 1.- Klasse-Wagen für die paar Fahrgäste wäre denn doch des Guten etwas zu viel gewesen. Aufnahme vom 08.05.1995

Strecke 213: 202 700 fährt am 22.05.1995 als Nahverkehrszug 3415 im Bahnhof Hohenbucko-Lebusa ein, unweit eines großen Kiefernwaldes. Wie bei manchen anderen DDR-Kiefernwäldern führte auch dort ein geheimes Gleis hinein. Der doppelte Bahnhofsname bedeutet hier: Nach Hohenbucko sind es gut 1,5 Kilometer, nach Lebusa gar vier.

Strecke 208: Vier Tage vor der Einstellung des Reisezugverkehrs am 27.05.1995 ist 202 647 mit ihrem hellgrünen »Halberstädter« als N 4148 unterwegs beim Bahnhof Börnichen-Schlepzig. Auch hier in den Wäldern der Spreeniederung liegen verschiedene mehr oder weniger »geheime« Anschlußgleise. 10 km/h Höchstgeschwindigkeit sind für die Fuhre erlaubt.

Strecke 292: Das ist die Uckermark mit ihren Hügeln und zahlreichen Seen. 771 059 ist unterwegs am 19.05.1993 auf halbem Wege zwischen der Brücke unter der alten Reichsautobahn Berlin - Stettin und dem Haltepunkt Lützlow. Dieser Wagen wurde nicht mehr modernisiert und begegnete uns auch schon auf der Strecke Velgast - Tribsees (s. Seite 28 ff.).

Strecke 401: Am 30.04.1985 war der Akkutriebwagen der Baureihe 515 auf der »Rheinischen Bahn« noch alltäglich: 815 781 ist in Wuppertal-Dorp unterwegs in Richtung Mettmann/Düsseldorf. Wenige Minuten zuvor hat er den Tunnel zwischen Ottenbruch und Dorp durchfahren.

Strecke 448: 515 636, einer der letzten roten 515, nähert sich am 03.08.1994 dem Stellwerk »Ot« in Oberhausen-Alstaden. Das Schild mit weißer Schrift auf blauem Grund nimmt den neuesten Trend der Deutschen Bahn AG vorweg: Alle Informations- und Namensschilder sollen künftig diese Farbgebung erhalten.

Strecke 477: Zwischen Maas und Waal (Rhein) liegt westlich von Groesbeek das große Waldgebiet »De Hooghe Hoenderbergh«. Durch die Wald- und Heidelandschaft verlaufen gut fünf Kilometer parallel mit drei Gleisen die Strecken Venlo-Nijmegen und Kleve-Nijmegen (rechts). In Richtung Nijmegen ist am 31.07.1989 ein dreiteiliger Triebwagen des »Plan V« (Baujahre 1960-63) unterwegs.

Strecke 524: Im Sommer 1994 lautet die Zugnummer des Mittagspersonenzuges von Aue nach Blauenthal P 8818. Am 02.06.1994 wird er bei Bockau im Rahmen einer »Plandampf«Veranstaltung von der 50 1849 geführt. 1940 von Krauss-Maffei in München gebaut, gehört sie nun zum Museums-Lokbestand. Am Tunnel und der Brücke erkennt man, daß die Strecke beim Bau für zweigleisigen Betrieb vorbereitet war. Auch die vielen Bahnwärterhäuser sprechen für eine ehemalige Hauptbahn.

Strecke 534: 109 042 hat am 28.04.1993 einen »Halberstädter« nach Espenhain, Werkbahnsteig II, gebracht und setzt nun um. Zwar nicht gerade schön aber durchaus zweckmäßig präsentiert sich der Bahnhof, von dem es nur wenige Meter bis zum Werkstor sind. Die Arbeiter, die hier ein- und ausstiegen, haben bis zum letzten symbolischen Kommando »Laß ab vom Berg« rund 570 Millionen Tonnen Braunkohle gefördert.

Strecke 534: Auch solche Garnituren gab es zwischen Altenburg und Narsdorf: P 8028 besteht am 28.06.1994 lediglich aus einem zwischen zwei V 60 (346 323 und 353) eingequetschten »Reko«-Vierachser 2. Klasse. So erspart man sich in den Endbahnhöfen das Umsetzen der Lok oder den Steuerwagen. Die Garnitur steht im Bahnhof Langenleuba-Oberhain auf dem Streckengleis Altenburg - Langenleuba-Oberhain, während das vordere Gleis früher das durchgehende Hauptgleis Penig - Narsdorf bildete.

Strecke 534: Bei Beiern-Langenleuba gibt dieser Beton-Viadukt einen Vorgeschmack auf die große 12-bogige Brücke bei Wiesebach. Beide Bauten sind in ungewöhnlicher Weise mit Ziegelornamenten verziert.
Aufnahme von 972 746/772 146 am 01. 11. 1992.

Strecke 534: P 8029 am 09.09.1992 auf dem großen Viadukt bei Wiesebach. Natürlich war der 772 109 für das Schaf längst nicht so interessant wie ein Fotograf. Die kamen schließlich 1992 noch nicht täglich.

291 Strasburg (Meckl) - Prenzlau 26 km
292 Prenzlau - Gramzow (Uckermark) 23 km
924 Damme (Uckermark) - Löcknitz 29 km

Prenzlau? Bei dem Namen Prenzlau werden die meisten Bundesbürger, zumindest die »Wessis« , zuallererst an einen Stadtteil im Osten Berlins denken; aber der heißt bekanntlich Prenzlauer Berg. Nein, Prenzlau liegt rund 100 nördlich der Metropole an der Strecke nach Stralsund und ist die historische Hauptstadt der Uckermark. Die Uckermark wiederum ist von jeher charakterisiert durch die Landwirtschaft, und so ist es keineswegs ein Zufall, daß Prenzlau Ende des 19. Jahrhundert Mittelpunkt eines recht engmaschinen Kleinbahnnetzes wurde. Denn die Kleinbahnen waren ja das typische Verkehrsmittel der ländlichen preußischen Regionen schlechthin. Die drei Strecken, mit denen wir es im folgenden zu tun haben, waren allesamt – zumindest verwaltungstechnisch – Elemente der Prenzlauer Kreisbahnen.

Als direkter Vorläufer der Prenzlauer Kreisbahnen ist die Uckermärkische Lokalbahn-Aktiengesellschaft (ULB) zu betrachten. Sie ist schon insofern eine Rarität, als der vor allem in Bayern gebräuchliche Name Lokalbahn in Preußen bekanntermaßen ganz ungewöhnlich war; in Preußen sprach man von Kleinbahnen. Ausgangspunkt der ULB war Löcknitz (an der Hauptbahn Stettin - Pasewalk), ihr erstes Ziel war das kleine Ackerbürgerstädtchen Brüssow. Aktionäre waren der Kreis Prenzlau, die Stadt Brüssow und das uns nun schon bekannte Berliner Kleinbahn-Großunternehmen Lenz & Co. Keine Frage, daß Lenz den Betrieb der Lokalbahn übernahm.

Erste Station der Prenzlauer Kreisbahn hinter dem Anschlußbahnhof Strasburg ist Güterberg. Hier muß der Zugführer telefonieren und dabei die Weiterfahrerlaubnis für den modernisierten 772 004 nach Prenzlau einholen. Am 08.05.1995 gibt es nicht einen einzigen Fahrgast.

Am 19.05.1993 war die Strecke Prenzlau - Strasburg für den Personenverkehr gesperrt. Dafür arbeitete man kräftig an der Renovierung der in einem kaum glaublichen Zustand befindlichen Gleise. 344 955 – eine remotorisierte V 60 der DR – zieht einen Arbeitszug mit Gleisjochen durch den Bahnhof Dedelow. Das ziemlich weit vom Gleis stehende »Empfangsgebäude« und die »Grünfläche« dazwischen sind letzte Hinweise darauf, daß hier bis 1978 die Strecke nach Fürstenwerder abzweigte.

Für zwei Jahre gab es noch einmal Verkehr auf den reparierten Gleisen zwischen Strasburg und Prenzlau. So lobenswert die Aufarbeitung der LVT der Baureihe 771/772 vom Raw Halle auch sein mochte (vor allem unter dem Aspekt der Arbeitsplatzsicherung), so sehr muß man doch zugeben, daß mit Zweiachsern auf mäßigen Gleisanlagen kein komfortabler Verkehr zu bestreiten ist: Es schaukelt einfach zu stark (Aufnahme vom 08.05.1995 in Dedelow).

Damme war früher einmal der Anschlußpunkt der Kreisbahn Schönermark-Damme an die Strecke Prenzlau - Löcknitz der Prenzlauer Kreisbahn. Obwohl der Abschnitt Damme - Löcknitz am 19.05.1993 schon nicht mehr befahren wurde, mußte man in Damme aus Gramzow kommend (771 059) in den »imaginären« Anschlußzug aus Löcknitz nach Prenzlau (771 042) umsteigen.

Weiter auf der Stammstrecke der Prenzlauer Kreisbahn haben wir Brüssow erreicht, den Endpunkt der vormaligen Uckermärkischen Lokalbahn AG. Diese bzw. ihr Betriebsführer, die Firma Lenz, errichtete hier einen ihrer markanten Lenz-Typenbauten samt Lokschuppen. Auch hier bröckelt überall der Putz, wildert das Unkraut, und die Laderampe am Güterschuppen sowie das Lokschuppendach (nicht im Bild) sind eingestürzt ...

... aber es kündigt sich Hoffnung an! Für die schon stillgelegte Strecke hat die Straßenbauverwaltung nagelneue dynamische Verkehrsschilder mit reflektierender Oberfläche und Gütezeichen auf der Rückseite beschafft und aufgestellt. So modern sehen heute Eisenbahnen aus (Aufnahmen vom 19.05.1993 in Brüssow).

Am 29. November 1898 wurde der Reiseverkehr zwischen Löcknitz und Brüssow eröffnet, 18 Tage darauf der Güterverkehr.

Zu dieser Zeit war der Weiterbau der Strecke bis Prenzlau bereits beschlossene Sache. Allerdings wurde dieser durch den Kreis Prenzlau selbst realisiert. Da nur ein gemeinsamer Betrieb sinnvoll war, ging die ULB am 27. November 1902 an den Kreis Prenzlau über und wurde im Handelsregister gelöscht. Gleich darauf, am 2. Dezember 1902, wurde die 31 km lange Verbindung von Brüssow über Damme nach Prenzlau Kreisbahnhof eröffnet. Mehr noch: Im Prenzlauer Kreisbahnhof konnten vom selben Tag an auch die Züge nach Strasburg bestiegen werden; Strasburg liegt an der preußisch-mecklenburgischen Grenze (Mecklenburg-Strelitz, nicht Großherzogtum Mecklenburg) und wird von der »gesamtmecklenburgischen« Ost-West-Route (Stettin - Pasewalk -) Strasburg - Neubrandenburg - Güstrow - Bad Kleinen (- Lübeck) berührt, der »Friedrich-Franz-Eisenbahn« (MFFE) also. Wohl auch deshalb hatte sich Strasburg zu einem Ort mit einiger Kleinindustrie entwickeln können und war als Ziel einer Kleinbahn von Prenzlau aus interessant. Aber das war noch nicht alles: Ebenfalls am 2. Dezember 1902 nahmen die Prenzlauer Kreisbahnen auch die Strecke von Dedelow (das liegt an der Route Prenzlau - Strasburg) nach Fürstenwerder in Betrieb, damit verfügte man, die ehemalige ULB eingerechnet, über etwa 83 km normalspuriger Kleinbahnstrecke.

Die Geschäfte der Prenzlauer Kreisbahnen liefen offenbar recht gut, das Unternehmen expandierte weiter. 1916 eröffnete man die Kleinbahn Prenzlau - Klockow (dort gab es Anschluß an die ursprünglich als Pferdebahn betriebene Strecke nach Pasewalk), die etwa bei Kilometer 1,5 von der Löcknitzer Linie abzweigte. 1917 wurde vom Preußischen Ministerium der öffentlichen Arbeiten die Vereinheitlichung der Betriebsvorschriften der Prenzlauer Kreisbahnen mit denjenigen der Linie nach Klockow gestattet (aber erst 1928 wurde der Zusammenschluß der Firmen vollzogen), gleichzeitig auch mit denjenigen der Kreisbahn Schönermark-Damme. Diese uckermärkischen Kleinbahnen wurden nun gemeinsam von der Prenzlauer verwaltet und betrieben, die Betriebseinnahmen nach den Leistungen der Strecken verteilt. Die Kreisbahn Schönermark-Damme, die de jure auch weiterhin existierte (Haupteigentümer war hier nicht der Kreis Prenzlau, sondern der Kreis Angermünde), verknüpfte Damme mit dem an der alten Magistrale Berlin - Angermünde - Stettin gelegenen Schönermark; Damme wiederum lag an der Linie Prenzlau - Löcknitz. Der Reiseverkehr auf der 25 km langen Verbindung wurde am 13. Dezember 1905 aufgenommen, der Güterverkehr am 6. Februar 1906.

Außergewöhnliches ist aus den Folgejahren nicht zu berichten. Nach Ende des Zweiten Weltkriegs ereilte die Strecke das übliche Schicksal: Demontage. Aber schon bald begann der Wiederaufbau, am 4. April 1947 wurde von Damme aus der Betrieb bis Gramzow (10 km) wie-

Bei Fahrten auf der Prenzlauer Kreisbahn haben wir auch gelegentlich Fahrgäste angetroffen, so hier am 19.05.1993 zwischen Gramzow und Damme. Die roten Plastesitze und die modischen Handgriffe des 771 059 repräsentieren den Design-Charme der frühen sechziger Jahre der DDR.

Gramzow, seit 1979 Endpunkt der Strecke, war früher der Betriebsmittelpunkt mit Lokschuppen und Werkstatt der Kreisbahn Schönermark-Damme. In den dortigen Lokschuppen zogen zunächst die drei 1905/6 gebauten C-Kuppler von Orenstein & Koppel ein; heute residiert hier das Brandenburgische Museum für Klein- und Privatbahnen. Am 03.04.1995 herrscht aber noch Normalbetrieb und der Triebwagen hat diesmal sogar den Steuerwagen 972 758 mitgebracht (siehe auch Farbteil Seite 52).

der aufgenommen, das Reststück nach Schönermark folgte bis 1949. Im gleichen Jahr wurde die Kleinbahn Schönermark-Damme, ebenso natürlich die Prenzlauer Kreisbahnen, in die Reichsbahn eingegliedert. Der Anfang vom Ende kam mit Beginn des Sommerfahrplans 1979. Der geringe Reiseverkehr zwischen Schönermark und Gramzow wurde eingestellt, das Gleis wenig später abgebaut. Gramzow war nun Endstation; vorerst, wie wir gleich sehen werden.

In Bedrängnis geraten war inzwischen auch die alte »Magistrale« Strasburg - Prenzlau - Löcknitz der Prenzlauer Kreisbahnen. Nachdem 1973 bereits die Zweiglinien Prenzlau - Klockow und 1978 Dedelow - Fürstenwerder stillgelegt worden waren, wurde am 18. Januar 1991 der Betrieb von Damme nach Löcknitz durch Schienenersatzverkehr abgelöst. Zwar wurde er mit Beginn des Jahresfahrplans 1991/92 überraschenderweise wieder aufgenommen, aber am **11. September 1991** folgte erneut und nun wohl endgültig die Ablösung durch Busse; die im Kursbuch 1992/93 noch einmal ausgewiesenen Züge sind nie gefahren, es blieb beim »Schienenersatzverkehr« .

Der schlechte Zustand des Oberbaus hatte derweil auch dem Abschnitt Prenzlau - Strasburg arg zugesetzt, am 15. März 1993 wurde er gesperrt, dann aber mit Beginn des Jahresfahrplans 1993/94 wieder in Betrieb genommen, nachdem man die Gleise etwas aufbereitet hatte. Nur zwei Jahre dauerte es, dann kam das wohl endgültige »Aus« . Mit Ende des Jahresfahrplans am **27. Mai 1995** wurde der Schienenverkehr zwischen Strasburg und Prenzlau sowie zwischen Prenzlau und Damme eingestellt, und da die Züge über Damme hinaus durchgehend auch den Zweig nach Gramzow bedienten, endete auch hier der Schienenverkehr.

In Gramzow übrigens entsteht, gefördert vom Land Brandenburg, seit 1991 das »Brandenburgische Museum für Klein- und Privatbahnen« , das die Erinnerung an eine versinkende Epoche des deutschen Verkehrswesens vor dem Vergessen bewahren will. Wird es ein Bahnmuseum ohne Strecke werden?

296 Angermünde - Bad Freienwalde (Oder) 30 km

Bei der Verbindung Angermünde - Bad Freienwalde handelt es sich um ein typisches Produkt jener Boomjahre nach dem deutsch-französischen Krieg von 1870/71, in denen angesichts scheinbar unbegrenzten wirtschaftlichen Wachstums die preußischen Eisenbahnen Strecken um Strecken konzipierten, deren Hauptzweck es war, benachbarten Bahnen ein möglichst großes Stück vom lukrativen Güterfernverkehr abzujagen. In diesem Falle ging es ganz konkret darum, daß die Berlin-Stettiner Eisenbahngesellschaft ihre Position im Verkehr zwischen Ostsachsen und Schlesien einerseits sowie Stettin, also dem diesen bedeutenden Industrieregionen am nächsten gelegenen Seehafen, andererseits erheblich stärken wollte. Man stand nämlich in Konkurrenz zur Oberschlesischen Eisenbahngesellschaft und der von dieser mitbetriebenen Stargard-Posener Eisenbahn, der mit der Route Breslau - Posen - Stargard - Stettin eine leistungsfähige und relativ kurze Magistrale zur Verfügung stand, die im Nord-Süd-Verkehr den »Flaschenhals« Berlin weiträumig umging.

Wichtigste Route der traditionsreichen Berlin-Stettiner Eisenbahngesellschaft war immer noch die 1843 fertiggestellte Stammstrecke. Von Berlin in Richtung Ostsachsen bzw. Schlesien führten bis in die 1860er Jahre lediglich die staatliche Niederschlesisch-Märkische Eisenbahn, die Berlin-Anhaltische Bahn sowie die Berlin-Görlitzer Eisenbahn des »Privatbahnkönigs« Bethel Henry Strousberg. Für einen durchgehenden Nord-Süd-Verkehr waren diese Bahnen mit der Berlin-Stettiner nur unzureichend verknüpft.

Zu Beginn der 1870er Jahre kam Bewegung ins Spiel. Strousberg eröffnete 1871 seine Verbindung von Cottbus (an der Berlin-Görlitzer Bahn) nach Guben (an der Niederschlesisch-Märkischen Bahn), fünf Jahre später nahm die Cottbus-Großenhainer Eisenbahn ihre Linie Frankfurt/Oder - Cottbus über Grunow in Betrieb. Es fehlte nun also nur noch eine Verbindung zwischen ihrer Stammstrecke und Frankfurt/Oder, und der Berlin-Stettiner Eisenbahn standen ganz neue und »schnelle« Wege nach Sachsen und Schlesien offen. Also verlän-

Wer sich nach der Wende auf Generalkarten den Bereich der Strecke Angermünde - Bad Freienwalde ansah, wird neben viel Wald bei Saaten-Neuendorf auch eine größere, rot schraffiert begrenzte Fläche gefunden haben, und die bedeutet gewöhnlich »Sperrgebiet«. Dem Baustil nach stammt der Bahnhof Saaten-Neuendorf bereits aus den dreißiger Jahren. Das blaue Winkel-Zeichen an der Vorderfront verrät: »Anerkannter Bereich vorbildlicher Ordnung, Sicherheit, Sauberkeit und Disziplin« (Aufnahme vom 09.05.1995).

Weitab vom Städtchen Oderberg kreuzt die Bahn die Alte Oder, auf der am 09.05.1995 ein Motorschiff in Richtung Oderberger See unterwegs ist. In Bildrichtung rechts folgt bald der Haltepunkt Oderberg am Rande des Sperrgebietes.

Obwohl es die Haltepunkte Oderberg und Bralitz gibt – oder besser gab – gab es dazwischen auch den richtigen Bahnhof Oderberg-Bralitz. Hier kündet am 09.05.1995 noch ein Ziegel-Empfangsgebäude von der alten Herrlichkeit der Berlin-Stettiner Eisenbahn: »nach Frankfurt a/O 74,7 Km. von Angermünde 22,3 Km.« lautet die Anschrift in erhabenen Lettern auf dem alten Gemäuer.

gerte man die 1866 eröffnete Stichbahn von Eberswalde an der Stammstrecke über Freienwalde nach Wriezen bis Frankfurt/Oder – so geschehen 1877 – und verknüpfte zugleich Freienwalde mit dem ebenfalls an der Stammlinie gelegenen Angermünde. Diese 30 km lange Verbindung ging am 1. Januar 1877 in Betrieb. Die Berlin-Stettiner Eisenbahngesellschaft reichte nun also bis Frankfurt/Oder und hatte hier Anschlüsse nach Sachsen und Schlesien zur Auswahl.

Etwa gleichzeitig jedoch entstand auf dem rechten Oderufer eine weitere Nord-Süd-Linie, nämlich die von Breslau über Reppen und Küstrin nach Stettin (heute eine der wichtigsten Nord-Süd-Linien der Polnischen Staatseisenbahnen), die von der Breslau-Schweidnitz-Freiburger Eisenbahngesellschaft bis 1877 von Süden her vorangetrieben worden war. Diese Route war –eben-

Vierzehn Tage später nähert sich dieselbe Garnitur mit 202 365 als N 15148 Oderberg-Bralitz. Bei den ersten beiden Wagen hinter der Lok handelt es sich um alte Schnellzugwagen der UIC-Bauart Y, deren »gotische« Dachform auf dem Bild gut erkennbar ist. Dahinter läuft ein »Reko«-BDghws. Auch in Oderberg-Bralitz verschwindet ein gut beleuchtbares Gleis im Wald.

Nach Oderberg und Oderberg-Bralitz darf Bralitz nicht fehlen. Dieser Haltepunkt wenigstens liegt in vertretbarer Entfernung zum namensgebenden Ort. Dennoch bot er wartenden Fahrgästen früher einmal einigen Komfort. Im inzwischen leider seiner Scheiben beraubten Warteraum stand am 09.05.1995 sogar noch ein riesiger Kachelofen.

so wie die alte über Posen – erheblich leistungsfähiger als die Linie von Angermünde über Freienwalde und Frankfurt/Oder, und so nimmt es nicht Wunder, daß mit dem Fortschreiten der Eisenbahnverstaatlichung in Preußen – die Berlin-Stettiner Eisenbahngesellschaft wurde als eine der ersten überhaupt schon 1879 vom Staat übernommen – diese Verbindung sehr bald in den Hintergrund rückte und fortan praktisch nur noch als Regionalbahn fungierte.

Und wie das mit Regionalbahnen so ist, die regionale Oberzentren – in diesem Falle Eberswalde – umgehen: das Verkehrsaufkommen war insbesondere in der Zeit nach der »Wende« ausgesprochen mager und Besserung keine in Sicht. Da der Strecke angesichts der neuen politischen »Großwetterlage« auch als militärischer Reservelinie keine potentielle Bedeutung mehr zukam, konnte der Verkehr ohne weiteres stillgelegt werden. Am **27. Mai 1995** fuhr der letzte Reisezug.

302 Diesdorf (Altmark) - Salzwedel 36 km

Die Altmark liegt im Nordwesten des Bundeslandes Sachsen-Anhalt und wird – grob vereinfacht – im Osten und Norden durch die Elbe, im Süden durch die Eisenbahnstrecke Magdeburg - Oebisfelde und im Westen durch das Bundesland Niedersachsen eingerahmt. Die Altmark ist traditionell landwirtschaftlich strukturiert. Sie ist relativ dünn bevölkert, die Siedlungsstruktur wird noch immer geprägt durch verstreut liegende große Höfe, um die sich kleinere Ansiedlungen gebildet haben. Kurz: Die Altmark war mit diesen Voraussetzungen ein typisches Kleinbahn-Land.

Nachdem das preußische Kleinbahn-Gesetz vom 2. Juli 1892 den Weg frei gemacht hatte für den vereinfachten Bau nur lokal bedeutender Strecken (»Kleinbah-

Noch im Stadtgebiet von Salzwedel weist die Strecke eine Besonderheit auf: Nahe beim Bahnhof Altperver Tor muß der Zugführer vor der Schranke aussteigen, sie herunter- und dann wieder hinaufkurbeln, wenn der Triebwagen über die Straße gefahren ist. Am 07.05.1993 ist das gerade aus Fahrtrichtung Diesdorf geschehen.

Am Abzweig Jeetze (benannt nach dem gleichnamigen Fluß) überquert die Diesdorfer Strecke die Bahnlinie Salzwedel - Oebisfelde. Ganz links im Bild zweigt aus dieser Linie die neue Anbindung der Strecke nach Krinau (früher weiter nach Badel) ab. Aufnahme vom 07.05.1993.

Der alte Mann und die Bahn. Wie viele Jahre mag er der Deutschen Reichsbahn gedient haben? Daß sein Arbeitgeber nur noch wenige Monate existieren wird, zeichnet sich am 07.05.1993 auch im 771 068 zwischen Wieblitz-Eversdorf und Wallstawe deutlich ab. Schon ist die neue DB-Uniform eingeführt, auch wenn man noch pietätvoll am Mützenspiegel silbern auf rot ein »DR« eingestickt hat.

nen sind die dem öffentlichen Verkehre dienenden Eisenbahnen, welche wegen ihrer geringen Bedeutung für den allgemeinen Eisenbahnverkehr dem Gesetze über die Eisenbahnunternehmungen vom 3. November 1838 nicht unterliegen. Insbesondere sind Kleinbahnen der Regel nach solche Bahnen, welche hauptsächlich den örtlichen Verkehr innerhalb eines Gemeindebezirks oder benachbarter Gemeindebezirke vermitteln«), wurde die Altmark innerhalb kurzer Zeit tatsächlich mit einem bunten Netz normal- und schmalspuriger Kleinbahnen überzogen. Neben drei privaten Kleinbahnen (Stendal-Tangermünder Eisenbahn-Gesellschaft, Kleinbahn-AG Tangermünde - Lüderitz, Kleinbahn mbH Goldbeck - Werben) gab es fünf Provinzialkleinbahnen, bei denen sich die preußische Provinz Sachsen zunächst finanziell, später auch als Verwaltungs- und Betriebsleitung (Sitz in Merseburg) engagierte. Es handelte sich hierbei um die Altmärkische Eisenbahn-AG, die Stendaler Kleinbahn-AG, die Kleinbahn-AG Osterburg-Deutsch Pretzier, die Salzwedeler Kleinbahnen GmbH und die Kleinbahn-AG Gardelegen-Neuhaldensleben-Weferlingen. Nicht zu vergessen: neben den Kleinbahnen gab es natürlich auch noch die Staatsbahnlinien, von denen hier die Magistralen Stendal - Salzwedel - Uelzen (1870-71 eröffnet) und Stendal - Oebisfelde - Hannover (1871) sowie die jüngere Querverbindung Oebisfelde - Salzwedel (1889) von Interesse sind.

Auch die Verbindung Diesdorf - Dähre - Salzwedel, Kernstück der Salzwedeler Kleinbahnen GmbH, war einst ein Faden im Altmärkischen Kleinbahnnetz. Die am 15. Oktober 1901 fertiggestellte Bahn war zunächst meterspurig, begann im Bahnhof Salzwedel-Neustadt gegenüber dem Staatsbahnhof und zog sich ohne nennenswerte technische Aufwendungen in einem großen Bogen durch die sanft hügelige Wald- und Feldflur im Nordwesten des Kreises Salzwedel.

Die Endstation Diesdorf erhielt am Heiligabend des Jahres 1903 ein ganz besonderes Präsent in Form der in Kapitel 761 behandelten Strecke Beetzendorf - Diesdorf. Diese war normalspurig, so daß sich der Übergang von Gütern recht umständlich gestaltete. Damit nicht genug. Am 1. August 1909 verlängerte die Altmärkische Kleinbahn-AG ihre Strecke über Diesdorf hinaus um zwölf km bis Wittingen in der Provinz Hannover (heute

Bonese erhielt erst am 03.10.1928 einen Bahnanschluß, als die 5 km längere Neubaustrecke über Bonese die alte südöstlicher verlaufende Schmalspurbahn ersetzte. Wieder verändert sich alles: neun Tage später fährt hier der letzte Zug. Der rote Triebwagen, der am 13.05.1993 noch das DR auf der Seitenwand trägt, bekommt bald das neue DB-Logo aufgeklebt, wird wenig später in Halle vollständig umgebaut und ist kaum mehr wiederzuerkennen. Tempora mutantur ...

Niedersachsen, jetzt Station der DB und der Osthannoverschen Eisenbahnen OHE), womit die Salzwedeler Kleinbahn eindeutig im von ihr zuerst erschlossenen Diesdorf nur noch die zweite Geige spielte. Hinzu gesellten sich andere Probleme. Die Strecke war technisch sehr simpel ausgestattet worden und erforderte bald aufwendige Unterhaltungsarbeiten. Da die kleinen Landgemeinden sowie die Stadt Salzwedel, denen bis dato allein das Unternehmen gehörte, neue Aufwendungen scheuten, wurde die Bahn 1923 dem Verband der provinzialsächsischen Kleinbahnen übertragen. Damit waren die Voraussetzungen für zwei unerläßliche Maßnahmen geschaffen: Umbau der Gleise auf Normalspur und Verlegung der Strecke im Abschnitt Dähre - Diesdorf. Umspurung und Umbau erfolgten in zwei Etappen: das Teilstück Salzwedel - Dähre wurde am 4. Oktober 1927, die »Neubaustrecke« Dähre - Diesdorf am 3. Oktober 1928 dem Betrieb übergeben. Die Maßnahmen bekamen der Bahn offensichtlich sehr gut, das Verkehrsaufkommen belebte sich nun spürbar.

Auch die Salzwedeler Kleinbahnen GmbH – zur Firma gehörte noch die Strecke Salzwedel - Badel (- Kalbe) – wurde 1946 enteignet und anschließend verstaatlicht. Gravierendere Auswirkungen dürfte aber die Tatsache gezeitigt haben, daß die Linie Diesdorf - Wittingen durch die Zonengrenze geteilt wurde und infolgedessen stillgelegt werden mußte. Östlich der innerdeutschen Grenze hielt sich die Bahn in und um Diesdorf noch lange Zeit recht wacker. 1973 schwappte die Stillegungswelle aber auch über Diesdorf - Beetzendorf hinweg, und 20 Jahre darauf, am **22. Mai 1993**, hatte sie auch Diesdorf - Dähre, also den jüngsten Abschnitt der Salzwedeler Kleinbahn, erwischt. Nicht nur der explosionsartig auflebende Straßenverkehr nach der »Wende« war dafür verantwortlich, denn viele kleine Straßen der Altmark halten noch immer so manches Abenteuer für unvorbereitete Automobilisten bereit. Vielmehr hatte man bei der Neutrassierung einen so großen Bogen eingelegt, daß die Bahnentfernung Diesdorf - Dähre mehr als doppelt so lang geworden war wie die auf der Straße. Und außerdem war der Oberbau so »leicht« ausgefallen, daß manchem Bahnreisenden schon allein vom Betrachten der Strecke schwindelig wurde. Daß dieser Effekt von den »Ferkeltaxen« , die zuletzt den Personen-

Endstation Diesdorf am 07.05.1993. Für die letzten 14 km von Dähre nach hier hat der Zug 47 Minuten gebraucht; das sind solide 17,9 km/h Durchschnittsgeschwindigkeit. 1907 brauchte die Schmalspurbahn dafür 26 Minuten, das sind - trotz der kürzeren Strecke - immerhin noch 21,5 km/h. Rechts vom Bahnhofsgebäude lag der Bahnsteig der Strecke Wittingen - Beetzendorf, die durch die deutsche Teilung nach 1945 unterbrochen wurde. Hinter dem Triebwagen sind noch Reste des Empfangsgebäudes der Schmalspurbahn erkennbar.

verkehr erledigten, noch verschärft wurde, kann jeder »DR-Nebenbahnexperte« gut nachvollziehen; auch wenn abschnittsweise nur noch 10 km/h zulässig waren.

Auch dem Teilstück Dähre - Salzwedel erging es erwartungsgemäß nicht besser, zweieinhalb Jahre mehr waren ihm vergönnt. Hier fuhr der letzte planmäßige Reisezug am **31. Dezember 1995**. Wie verhieß doch der bereits bei den Strecken 267/268 zitierte Aushang: »Aufgrund geringer Fahrgastzahlen und der damit verbundenen Unrentabilität wird der Reiseverkehr der DB AG ab 1. Januar 1996 auf folgenden Strecken ersatzlos eingestellt: KBS 264 Schönhausen - Sandau, KBS 268 Stendal - Niedergörne, KBS 302 Salzwedel - Diesdorf, KBS 306 Kalbe - Beetzendorf.«

386 Bassum - Rahden (Kr Lübbecke) 54 km

Die Nebenbahn von Bünde (an der Hauptstrecke Löhne - Osnabrück) nach Bassum (an der »Rollbahn« Bremen - Osnabrück) ist mit einer Gesamtlänge von 87 km eine der längsten norddeutschen Nebenbahnen, übertroffen nur von der heutigen KBS 123 Hannover - Buchholz sowie von einigen wenigen ostelbischen Verbindungen (etwa Neustrelitz - Wittenberge). Verglichen mit letzteren hatte sie zeitweise sogar recht passable Reisegeschwindigkeiten vorzuweisen: zuletzt benötigten die durchgehenden Zugpaare 94 bzw. 99 Minuten für die 87 km, der 54 km lange Abschnitt Rahden - Bassum wurde dabei in 54 bzw. 60 Minuten zurückgelegt. Das sind für eine Nebenbahn an sich alles andere als schmähliche Werte.

Der Eilzug aus Bünde hat am 19.05.1994 Sulingen erreicht, die einzige bediente Zwischenstation auf der Strecke Bassum - Rahden. Da hier u. a. dank Lackdraht- und Schuhfabrik wirtschaftlich prosperierende Zeiten zu erwarten standen, hat die DB dem Ort sogar noch ein modernes Empfangsgebäude spendiert. Der Lokschuppen im Hintergrund, in dessen vier Ständen sich früher unter anderem die Loks der Baureihe 24 vom »Langstreckendienst« erholten, ist ebenso überflüssig wie das früher vorhandene zweite Bahnsteigdach.

Das Kernproblem war denn auch ein anderes: Zwischen Rahden und Bassum verkehrten seit Jahren nur noch zwei Zugpaare (werktags außer samstags), nämlich Eilzugverbindungen Bremen - Bielefeld. Und diese Eilzüge bedienten auf den 54 km nur eine einzige Zwischenstation: Sulingen. Daher also rührt der gute »Schnitt«. Da es zwischen Bremen und Bielefeld natürlich erheblich attraktivere Verbindungen gibt als diejenige über Rahden, und da für eine Stadt wie Sulingen zwei Tagesverbindungen in jede Richtung natürlich alles andere als ein akzeptables Bahnangebot darstellen, blieben die Züge zumeist leer. Seit vielen Jahren schon. Aber erst zum Ende des Jahresfahrplans wurde mit dem **27. Mai 1994** die seit geraumer Zeit abzusehende Einstellung des Personenverkehrs Realität. Nun ist Rahden die Endstation, von hier aus pendeln moderne VT 628.4 nach Bielefeld. Das Kursbuch behielt jedoch zunächst in der Tabelle für Strecke 386 das Angebot bis Bassum aufrecht, nun allerdings nur noch mit Bussen. Wer das weite norddeutsche Tiefland und seine schmucken Dörfer und Höfe liebt, mag – genügend Zeit vorausgesetzt – einer solchen Busfahrt vielleicht sogar etwas abgewinnen.

Für Sulingen markiert das Ende des Schienenpersonenverkehrs auf der Strecke Rahden - Bassum auch das Ende einer rund 70jährigen Geschichte als regional bedeutender Eisenbahnknoten. Am 1. Oktober 1900 war von Rahden aus das Landstädtchen in der preußischen Provinz Hannover ans staatliche Eisenbahnnnetz angeschlossen worden, am 1. August 1901 wurde die Strecke bis Bassum verlängert. Dabei blieb es zunächst. Erst 20 Jahre später, als das Zeitalter des Nebenbahnbaus eigentlich längst vorbei war, wuchs Sulingen zum wirklichen Knoten: 1921/22 wurde nämlich die Verbindung Diepholz - Nienburg in Betrieb genommen, die in Sulingen die Rahden-Bassumer Bahn kreuzt.

Wie den meisten jungen Nebenbahnen war auch der Diepholz-Nienburger keine lange Blütezeit vergönnt. 1966 (nach Diepholz) bzw. 1969 (nach Nienburg) wurde der Personenverkehr eingestellt, etwa gleichzeitig begann auch die Ausdünnung des Fahrplans zwischen Rahden und Bassum. Mehr und mehr Zwischenhalte wurden geschlossen (1972 beispielsweise waren es immerhin noch zwölf!) und immer mehr Nahverkehrsverbindungen auf Busse umgestellt. So blieben schließlich nur die Eilzugpaare übrig. Die allerdings hatten es in

50 Prozent des täglichen Zugangebotes in Sulingen auf einem Bild. Während die alten Schnellzugwagen mit Baureihe 216 einen etwas angestaubten Reisekomfort bieten, hat die 624/634-Garnitur gerade eine Modernisierung hinter sich. Ihr Grundproblem - die etwas schwache Motorisierung - hat sich dadurch aber nicht gebessert. Aufnahme vom 19.05.1994.

Im Vorbeifahren einen kurzen Gruß zum nördlichen Stellwerk »Sn« von Sulingen und weiter geht die Fahrt auf meist schnurgerader Strecke durch das platte Land. 216 063 hat hier am 19.05.1994 mit ihren zwei alten Schnellzugwagen nicht die geringsten Probleme, wurde aber noch im gleichen Jahr nach 28 Dienstjahren ausgemustert.

Schwaförden gehört zu den Typenbahnhöfen der Strecke, deren Fachwerk durch auf Latten genagelte Blechschindeln geschützt war. Obwohl am 10.06.1985 schon manche Scheibe zerschlagen und mancher Raum unbrauchbar war, arbeitete hier noch ein Fahrdienstleiter. Ein Jahr zuvor war Schwaförden zur »Schönsten Gemeinde im Landkreis« gewählt worden. Am Bahnhof kann die Kommission nicht gewesen sein ...

sich. Um noch einmal das Jahr 1972 zu bemühen: damals verkehrten neben zwei täglichen Schienenbuspaaren für den lokalen Verkehr zwei »Heckeneilzug«-Paare mit heute geradezu fantastisch anmutenden Laufwegen: Cuxhaven - Bremen - Rahden - Detmold und Bremen - Rahden - Bielefeld - Paderborn - Brilon - Korbach - Frankfurt/Main.

Einige Fragezeichen stehen über der Zukunft der von Sulingen ausgehenden Strecken. Obwohl nun also keine planmäßigen Reisezüge mehr verkehren, befinden sich die Gleise in einem relativ guten Zustand, ja sie sind teilweise sogar erst Anfang der 90er Jahre saniert worden (auch zwischen Sulingen und Bassum, wo zuvor teilweise nur noch Schrittempo zulässig war). Dabei hat vor-

Als Ersatz für den üblichen Blechschindelbau wurde in Neuenkirchen 1961 ein neues Ziegelgebäude an den alten Güterschuppen angebaut. Bis 1975 hielten hier Züge, bis 1982 gab es sogar Fahrkarten. Am 10.06.1985 fuhren nur noch vier Eilzüge mit 60 km/h durch den Bahnhof.

rangig die Tatsache eine Rolle gespielt, daß das dünnbesiedelte Land zwischen Weser und Hunte gespickt ist mit militärischen Anlagen und auch ein bevorzugtes Terrain für großangelegte Manöver der Bundeswehr darstellt; Waggons für Panzertransporte gehören deshalb zum üblichen Bild der größeren örtlichen Stationen. Zum täglichen Bild gehören auch Kesselwagen in langen Zugverbänden: Im Raum Sulingen wird nämlich in großen Mengen – jedenfalls für deutsche Verhältnisse – Erdöl gefördert und verarbeitet. Welche Strecken für die Abfuhr der Ölprodukte weiterhin vorgehalten werden sollen, wird für den Bestand (bzw. Nichtbestand) der von Sulingen ausgehenden Linien von entscheidener Bedeutung sein.

401 Mettmann - Wuppertal-Wichlinghausen 19 km
401 Wuppertal-Vohwinkel - Wuppertal-Lüntenbeck 2 km

An bemerkenswerten Eisenbahnstrecken herrscht im Land zwischen Rhein, Ruhr und Wupper bekanntlich kein Mangel. Nirgendwo sonst führte der Konkurrenzkampf der großen Eisenbahngesellschaften zu einem so dichten Eisenbahnnetz mit teilweise so kuriosen Streckenführungen. Zu diesen gehört auch die von der Rheinischen Eisenbahngesellschaft (RhEG) ins Leben gerufene Verbindung von Düsseldorf über Mettmann, Wuppertal, Hagen und Herdecke nach Dortmund. An ihr wechseln sich landschaftlich überaus reizvolle Abschnit-

Mettmann - Wuppertal-Wichlinghausen gehörte zu den letzten Einsatzstrecken der Akkumulatoren-Triebwagen der Baureihe 515. Am 30.04.1985 fährt 515 633 unter der alten Bahnsteigkonstruktion von Wuppertal-Ottenbruch vor, um vier Fahrgäste in Richtung Mettmann mitzunehmen.

Wuppertal-Mirke war einst dazu ausersehen, den Bahnhöfen der Bergisch-Märkischen Eisenbahn die Kunden abzujagen. Dazu wurden »monumentale, die Kosten nicht eben besonders berücksichtigende Hochbauprojecte aufgestellt«, die dann aber doch etwas einfacher ausfielen, weil die Rheinische Eisenbahn als Aktiengesellschaft ja auch auf den »Shareholder value« achten mußte. Im Juni 1987 ist 515 525 samt Steuerwagen unterwegs nach Wichlinghausen.

te – etwa im Neandertal oder im Raum Hagen – mit solchen ab, die aus ganz anderen Gründen in Deutschland ihresgleichen suchen: gemeint ist die Streckenführung im Wuppertaler Stadtgebiet mit ihrem ständigen Wechsel von Tunnels, Dämmen und Viadukten inmitten dichter städtischer Bebauung. Just dieser Abschnitt ist uns nun verloren gegangen.

Am 15. September 1879 eröffnete die RhEG – an ihren Bauwerken verwendete die Gesellschaft damals übrigens das Kürzel REG – die insgesamt 57 km lange Verbindung von Düsseldorf-Derendorf über Mettmann, Varresbeck, Wichlinghausen, Schwelm-Loh, und Hagen-Heubing nach Hagen-Eckesey (weder der heutige Düsseldorfer noch der Hagener Hauptbahnhof existierten zu dieser Zeit), die Weiterführung von dort über Herdecke und Löttringhausen nach Dortmund-Süd war bereits am 15. Mai 1879 eröffnet worden. Die Linie Düsseldorf - Dortmund, die letzte große Fernverbindung der Rheinischen Eisenbahngesellschaft überhaupt, hatte den Zweck, auch der RhEG ein Stück vom lukrativen Ost-West-Verkehr im Ballungsraum Rhein/Ruhr/Wupper zu sichern, der in dieser Region ansonsten allein der Bergisch-Märkischen Eisenbahn zufiel (deren Stammstrecke ja ebenfalls von Düsseldorf durchs Wuppertal nach Hagen und dann nach Dortmund führt). Nur so sind die großen Investitionen sowie die Tatsache zu erklären, daß die Strecke durch damals zumeist noch unbebautes Gebiet trassiert wurde. So entstanden die meisten Bahnhöfe im heutigen Wuppertaler Stadtgebiet praktisch »auf der grünen Wiese«, wenige Jahre später jedoch waren sie schon von den rasch wachsenden Städten aufgesogen worden. Welch große Hoffnungen die RhEG in die Strecke setzte, wird auch an den Plänen für einige Stationsbauten deutlich. So wollte man den Bahnhof Mirke so prachtvoll ausgestalten, daß er es leicht mit dem Elberfelder Bahnhof der BME, also dem heutigen Wuppertaler Hauptbahnhof, hätte aufnehmen können. Schließlich wurden angesichts der Wirtschaftskrise der späten 1870er Jahre dann aber doch einfachere, gleichwohl architektonisch anspruchsvolle Bauten geschaffen.

Mit der Umsetzung der Eisenbahnverstaatlichung in Preußen war der »Rheinischen Bahn«, wie sie im Wuppertal schlicht genannt wurde, praktisch schon wieder

Riesige Ziegelsteinviadukte und zahlreiche Tunnel zehrten stark am Anlagekapital der mitten durch die Stadt Wuppertal führenden Strecke. Am 14.06.1992 ist noch einmal eine Sonderfahrt auf der »Rheinischen Bahn« bei Wuppertal-Rott unterwegs.

die Geschäftsgrundlage entzogen worden. Der Personenverkehr verblieb hauptsächlich der auf der anderen Seite des Wuppertals liegenden BME-Strecke, da sie günstiger zu den Siedlungskernen lag. Die »Rheinische« diente fortan im wesentlichen dem Güter- und dem Regionalverkehr, aber auch hier gab es so viel zu tun, daß die Verbindung 1895 sogar zweigleisig ausgebaut werden mußte.

Der Anfang vom Ende kam 1979 mit der Zurücknahme des Reiseverkehrs bis zum Bahnhof Wuppertal-Wichlinghausen. Etwa zu gleicher Zeit wurde auch der (nur noch sehr spärliche) durchgehende Güterverkehr eingestellt, zwischen Wichlinghausen und Schwelm-Loh war die Strecke diversen Baumaßnahmen im Wege und wurde größtenteils entfernt. Ab Schwelm wiederum bis Hagen und von Hagen bis Dortmund wird die Strecke noch rege im Personenverkehr (S 8, RB Dortmund - Hagen über Herdecke) genutzt. Eine Modernisierung, ja sogar der Ausbau zur S-Bahn war auch für das Reststück von Düsseldorf über Mettmann bis Wichlinghausen immer wieder im Gespräch, aber dafür fehlte auch hier das Geld, denn die vielen Tunnels und Viadukte forderten hohe Investitionen für Sanierung wie Unterhaltung. So wurde der spärliche und unattraktive Nahverkehr zum **27. September 1991** östlich von Mettmann eingestellt.

Da die Züge – einer frühmorgens, einer nachmittags – nicht in Wichlinghausen tatenlos den Tag verbringen sollten, wurde der morgendliche von Wuppertal-Vohwinkel aus eingesetzt und erreichte die »Rheinische Bahn« über die am 1. Mai 1896 von den Preußischen Staatseisenbahnen eröffnete und 3,6 km lange Verbindungsstrecke Vohwinkel - Varresbeck, fuhr bis Wichlinghausen, dann von dort in umgekehrter Richtung nach Düsseldorf. Abends wiederholte sich das Prozedere in entgegengesetzter Folge.

Mit der Einstellung des Personenverkehrs wurde zwischen Dornap-Hahnenfurt und Wuppertal-Lüntenbeck sowie zwischen Heubruch und Wichlinghausen auch der Güterverkehr eingestellt.

Wuppertal-Wichlinghausen erhielt nach dem Krieg ein neues »lichtdurchflutetes« Flachdach-Empfangsgebäude, neben dem am 30.04.1985 ein Akkutriebwagen der Baureihe 515 samt Steuerwagen 815 781 auf die Rückfahrt nach Mettmann wartet. Denn obwohl die Gleise im Hintergrund noch weiterführen, ist hier im Personenverkehr die Welt zu Ende.

Auch ein Bild der Verbindung von Wuppertal-Lüntenbeck nach Wuppertal-Vohwinkel darf nicht fehlen. Hier gab es keine Zwischenstationen, dafür aber in Vohwinkel die Brücke dieser Verbindungsbahn über die Gleise der Bergisch-Märkischen Stammbahn. 815 713 passiert am 02.07.1991 die früher zweigleisige Brücke (siehe auch Farbteil Seite 53).

411 Hilgen - Opladen 13 km

Hier haben wir es mit dem Reststück der einst durchgehenden Verbindung Remscheid-Lennep - Opladen zu tun, die von der Bergisch-Märkischen Eisenbahngesellschaft zwischen 1876 und 1881 in zwei Etappen eröffnet worden war (Lennep - Bergisch Born - Wermelskirchen/ Hückeswagen am 15. Mai 1876, Wermelskirchen - Opladen am 15. Oktober 1881) und die damals die beste Verbindung zwischen der aufstrebenden Industriestadt Remscheid und Köln herstellte.

Aber mit der berühmten Müngstener Brücke (1897) und der durch diese ermöglichten Strecke Remscheid - Solingen, die den Weg von Remscheid nach Köln erheblich beschleunigte, geriet die Linie Lennep – Opladen bald ins Hintertreffen und büßte wohl einiges an überörtlichem Verkehr ein. Gleichwohl dürfte ihr der Gewerbereichtum der Region ein recht auskömmliches Dasein gesichert haben. Für kurze Zeit schien es sogar so, als ob die Verbindung Lennep - Opladen wieder überregionale Bedeutung erlangen sollte. Das war in den 20er Jahren, als die direkte Verbindung Schwelm - Witten endlich Gestalt annahm (eröffnet wurde sie aber erst 1934). Unter Einbeziehung dieser Linie sowie der dann auszubauenden Route Barmen - Remscheid-Lennep - Opladen hätte sich nämlich eine außerordentlich kurze Verbindung zwischen Dortmund und Köln aufbauen lassen. So sah – und forderte – es jedenfalls die Industrie- und Handelskammer zu Dortmund, die seit Jahren vielfach Anlaß zu Klagen über die schlechten Verbindungen innerhalb des Ballungsraumes Rhein-Ruhr sah. Aber es blieb bei den Plänen, der Ausbau der dafür durchaus geeigneten Strecke fand nicht mehr statt.

Bereits im Band »Abschied von der Schiene I«, der die Jahre 1980 bis 1985 behandelt, mußten wir uns mit der Linie Remscheid-Lennep - Opladen befassen, denn am 27. Mai 1983 wurde hier der Personenverkehr im Abschnitt Bergisch Born - Hilgen eingestellt, zwischen

Einfacher geht es nicht mehr, es sei denn, man ließe noch das Namensschild (rechts im Gebüsch) und die H-Tafel weg. Aber dann wäre es für den Triebwagenführer wirklich schwierig, den Bedarfshaltepunkt Grund zu finden.

An den aufwendigen Betonstützmauern bei Hilgen ist deutlich erkennbar, daß die im 19. Jahrhundert gebaute Strecke im 20. Jahrhundert zweigleisig ausgebaut und zu Höherem berufen war. Auch dieses Jahrhundert geht zu Ende und der Akkutriebwagen 515 616 wird keine drei Monate mehr durch den Wald heulen.

Hilgen, der Endpunkt der Strecke seit 1983. Der Bahnsteigtunnel zum zweiten Bahnsteig ist verbarrikadiert und taugt nur noch für fotografische Lichtspielereien.

Auch in der Gesamtansicht von Hilgen bietet sich ein trostloses Bild. Einzig das nach Art des Bergischen Landes schieferverkleidete Empfangsgebäude steht noch einigermaßen unversehrt. Den zweiten Bahnsteig und weiterführende Gleise nach Remscheid-Lennep sucht man vergebens (alle Aufnahmen vom 14.03.1991).

Wermelskirchen und Hilgen wurde wenig später die Strecke demontiert. In »Abschied von der Schiene II« (1986-1990) war das Ende des Personenverkehrs auf der Linie Remscheid-Lennep - Bergisch Born (- Wipperfürth) zum 31. Mai 1986 zu vermelden. Nun also ist das Reststück Hilgen - Opladen an der Reihe. Mit dem **31. Mai 1991** wurde auch hier der Gesamtverkehr eingestellt.

448 Duisburg-Meiderich Süd - Mülheim (R)-Styrum 6 km

Wer eine Vorstellung von dem oft beschriebenen und oft beklagten Eisenbahn-Wirrwarr im Ruhrgebiet gewinnen wollte, der wurde (und wird) im Dreieck Oberhausen/ Mülheim-Styrum/ Duisburg-Meiderich leicht fündig. Eisenbahnfreunde mit ihrem Hang zum Nostalgischen haben diese Region in jüngerer Vergangenheit auch deshalb gerne besucht, weil hier die letzten DB-Akku-Triebwagen der Baureihe 515 zum Einsatz kamen. Gleich drei dieser Züge konnte man zeitweise im Halbstundentakt in Duisburg-Meiderich Süd antreffen, wo sich der zwischen dem dortigen Bahnhof und Oberhausen Hbf pendelnde Zug (KBS 447) mit den sich hier kreuzenden Zügen der Verbindung Duisburg-Ruhrort - Mülheim-Styrum (KBS 448) traf.

Wenn eine Eisenbahnverbindung, die zuletzt werktags (außer samstags) im Halbstundentakt bedient wurde und sogar sonntags einen Stundentakt aufzuweisen hatte, eingestellt wird, dann müssen dafür gute Gründe vorliegen. Die kamen unmittelbar am Bahnhof Meiderich Süd zutage, nämlich in Form des Duisburger

Nordwestlich von Mülheim-Styrum haben Bergisch-Märkische Eisenbahn, Cöln-Mindener Eisenbahn, KPEV, DR und DB sowie die Zechen Hibernia und Alstaden ein wahres Schienenknäuel in die Landschaft gesetzt, durch das sich am 27.02.1995 der Akkutriebwagen 515 591 zielsicher den Weg bahnt.

Ein kurzer Asphaltbahnsteig, ausreichend für zwei Wagen, ein wenig »Mobiliar«, eine große Reklametafel. Das mußte für die meisten Stationen der Strecke - hier Duisburg-Dümpten - ausreichen. Spannender ist am 12.07.1987 schon der Akkutriebwagen 515 523: Er gelangte 1989 zur Regentalbahn (siehe Strecke 866) und wurde dort bis 1996 in den Dieseltriebwagen VT 10 umgebaut.

Zur Einsparung eines Brückenüberbaus über den Rhein-Herne-Kanal ist dort die zweigleisige Strecke ohne Weichen ineinander verschlungen. Am 13.06.1994 nähert sich 515 551 dieser eher von Straßenbahnen her vertrauten Bauform einer Gleisanlage.

515 604 überquert am 17.04.1994 die Emmericher Straße in Meiderich. Rechts führt eine Treppe zum Haltepunkt Duisburg-Ratingsee. Im Rücken des Fotografen hält die Straßenbahnlinie 909 (siehe auch Farbteil Seite 53).

U-Bahn-Tunnels. Die U-Bahn also wird hier in einiger Zeit die Eisenbahn ersetzten, zunächst aber war die Trasse ganz einfach den Tunnelbauern im Wege. Das war zwar schon seit längerem vorhersehbar gewesen, aber erst spät wurden die Konsequenzen gezogen, und die Stadt Duisburg schließlich stimmte der Einstellung des Eisenbahnbetriebs erst zu, als die DB zugesichert hatte, die bisher über die KBS 448 von Mülheim-Styrum aus angefahrene Endstation Duisburg-Ruhrort künftig über die KBS 447 von Oberhausen aus zu bedienen; und dafür endlich auch modernes Fahrzeugmaterial, sprich den VT 628.4 anstelle der alten ETA 515, einzusetzen. So geschah es mit dem **1. April 1995**. Zumindest für Bahn-Fans war das Revier nach diesem Tag um eine Attraktion ärmer geworden.

Folgen hatte diese Entscheidung auch für den Güterverkehr, denn die Linie Styrum - Meiderich Süd war speziell für diesen einst zweigleisig ausgebaut und elektrifiziert worden. Zumindest auf dem Abschnitt von Styrum bis Duisburg-Dümpten, wo von den Meidericher Gleisen diejenigen nach Duisburg-Ruhrort Hafen abzweigen, kann auf sie nicht verzichtet werden. Der Güterverkehr war auch der Anlaß zum Bau dieser Strecke durch die Bergisch Märkische Eisenbahn gewesen, die damit ihre Ruhrtalbahn an den Hafen- und Montanstandort Ruhrort anschloß (Mülheim-Styrum - Duisburg-Meiderich Süd für den Güterverkehr eröffnet am 8. Januar 1867, für den Personenverkehr am 4. Dezember 1867; Meiderich Süd - Ruhrort eröffnet am 2. November 1867, bis Mitte des 20. Jahrhunderts nur im Güterverkehr bedient).

451 Aachen West - Simpelveld (NL) 11 km

Hinter dieser so unscheinbar dastehenden Route verbirgt sich die erste Eisenbahnverbindung zwischen Deutschland und den Niederlanden, ja die erste grenzüberschreitende Eisenbahn der Niederlande überhaupt. Es geht nämlich um die 1853 fertiggestellte Aachen-Maastrichter Eisenbahn, die nicht nur diese beiden regional bedeutenden und nur 37 km voneinander entfernten Städte verknüpfte, sondern auch einige Steinkohlengruben um Heerlen und Kerkrade im niederländischen Südlimburg sowie des sogenannten Wurmreviers im Aachener Raum ans Schienennetz anband.

Die Strecke der Aachen-Maastrichter Eisenbahn begann ursprünglich gemeinsam mit der Aachen-Düsseldorfer Eisenbahn am Marschiertor-Bahnhof in Aachen und führte über Richterich und Kohlscheid (bis hierher gemeinsam mit der Düsseldorfer Strecke) zur Grube Kämpchen bei Herzogenrath; diese Linie wurde am 17. Januar 1853 eröffnet. Am 23. Oktober 1853 begann dann auch der planmäßige Betrieb auf der eigentlichen Hauptlinie der Gesellschaft vom Abzweig Richterich über Simpelveld nach Maastricht. Nur 2,7 km dieser Strecke lagen auf preußischem bzw. deutschem Terrain.

Die Aachen-Maastrichter Eisenbahngesellschaft beließ es nicht bei ihrer Stammstrecke. Von Maastricht baute man weiter nach Hasselt und von dort nach Landen (1856), wo man Anschluß an die belgische Magistrale Lüttich - Mechelen - Antwerpen fand. Damit sollte das Monopol der Rheinischen Eisenbahngesellschaft im Verkehr zwischen Köln/Aachen und Belgien »geknackt« werden. Und in der Tat rollten bis zum Ersten Weltkrieg durchgehende Fernzüge nach Brüssel und Kurswagenverbindungen nach Den Haag, Amsterdam, Rotterdam und anderen bedeutenden niederländischen Städten über die Aachen-Maastrichter Bahn. Damals existierte die Gründungsgesellschaft jedoch schon nicht mehr. Angesichts wirtschaftlicher Schwierigkeiten – im Fernverkehr waren unterm Strich die erhofften Ergebnisse ausgeblieben – hatte die Bahngesellschaft 1867 ihre Strecke an die bedeutende belgische Privatbahn Grand Central Belge verkauft, und als diese zum 1. Januar 1897 in das Eigentum des belgischen Staates überging, mußten Betriebsführung und Eigentumsverhältnisse völlig neu geregelt werden. Den deutschen Abschnitt Aachen - Richterich - Grenze übernahm 1898 die KED Köln, also die Preußische Staatseisenbahn, den niederländischen die »Gesellschaft zum Betrieb der Staatseisenbahn« (SS).

Der mit Kriegsausbruch unterbrochene Verkehr wurde 1915 wieder aufgenommen, während der Ruhrbesetzung von Januar 1923 bis März 1924 ruhte er

Auf dem kurzen deutschen Streckenabschnitt zwischen Abzweig Richterich und der Grenze ist am 03.06.1987 der Akkutriebwagen 515 604 unterwegs, der uns schon im letzten Kapitel begegnet ist.

Simpelveld am Abend des 14.01.1992. Triebwagen 179 hat punktgenau an den Einstiegspodesten auf dem Bahnsteig angehalten und nun wartet der Zugführer der Nederlandse Spoorwegen auf die Weiterfahrt nach Aachen. Vielleicht läßt sich sogar noch ein Zöllner blicken.

Am nächsten Tag hat das Schwesterfahrzeug 178 Dienst in Simpelveld. Diese »Treinstellen« der Serie DE-2 wurden 1953/4 in einer Stückzahl von 46 Zügen gebaut, von denen 1975-81 noch 26 Exemplare gründlich modernisiert wurden. Dabei erhielten sie u. a. die auffälligen Dachkühler. Der »gerenoveerde« DE-2 179 entstand 1979 aus je einer Hälfte der Züge 72 und 73. Die Triebwagen haben den Spitznamen »Blauwe Engel«.

erneut. 1925 wurden zwei der bis Maastricht durchgehenden Personenzüge durch Schnellzüge ersetzt, und 1927 führten bereits fast alle Züge wieder Kurswagen Richtung Den Haag und Amsterdam. Die Zugförderung lag dabei ausschließlich in niederländischer Hand.

Der Zweite Weltkrieg und seine Folgen trafen die Strecke weitaus härter. Es dauerte bis 1954, ehe der Personenverkehr wieder aufgenommen wurde. Er hatte nun nur noch regionalen Charakter. Zunächst kamen Triebwagen der DB zum Einsatz, dann auch niederländische, und 1966 ging der Betrieb vollständig an die dieselelektrischen DE 1 der NS über. 1977 wendete sich das Blatt, nun kamen ETA 150 des Bw Düren zum Einsatz, die ihrerseits 1988 von holländischen DE 2 abgelöst wurden.

Während all dieser Jahre hatten weder DB noch NS dem südöstlichen Teil der Strecke große Beachtung geschenkt. Für die Deutsche Bundesbahn war sie nur eine Nebenbahn von vielen, die NS wiederum hatten ihre Kräfte auf Ausbau und Elektrifizierung des Abschnitts Maastricht - Schin op Geul sowie von dort nach Heerlen konzentriert. Angesichts der teilweise veralteten und sehr personalaufwendigen Technik kamen DB und NS überein, zwischen Schin op Geul und Richterich die alte Aachen-Maastrichter Bahn völlig aufzugeben. Am **30. Mai 1992** fuhren hier die DE 2 zum letzten Mal. Seitdem brummen die niederländischen Dieseltriebzüge im Taktverkehr Aachen - Maastricht über die modernisierte Verbindung Herzogenrath - Heerlen (-Schin op Geul). Den vorhandenen Verkehrsrelationen wird das erheblich besser gerecht als die alte Route.

477 Kleve - Nijmegen (NL) 33 km

Nur zwölf Jahre jünger als die im vorigen Kapitel beschriebene erste deutsch-niederländische Eisenbahnstrecke Aachen - Maastricht war die am 9. August 1865 am linken Niederrhein eröffnete Linie Kleve - Kranenburg - Nijmegen. Sie wurde gemeinsam von der Rheinischen Eisenbahngesellschaft, die auch die zwischen 1856 und 1863 fertiggestellte Strecke Köln - Krefeld - Kleve betrieb, und der Nijmegsche Spoorweg Maatschappij ins Leben gerufen. Natürlich hatte sie – neben dem regionalen Aspekt – nicht zuletzt die Aufgabe, im lukrativen Fernverkehr der rechtsrheinischen Magistrale Oberhausen - Emmerich (- Arnheim) der Köln-Mindener Eisenbahngesellschaft bzw. der Niederländischen Rheinbahn-Gesellschaft Konkurrenz zu machen.

Aber dafür hätte es noch einer Eisenbahnverbindung samt Rheinbrücke zwischen Nijmegen und Arnheim bedurft. Die kam erst 1879, bis dahin mußten die über die linksrheinische Route verkehrenden Züge von und nach Arnheim/Amsterdam die Strecke Kleve - Elten (- Zevenaar) benutzten (eröffnet am 1. Mai 1865; Elten ist Grenzort am rechten Niederrhein). Die hatte zwar ebenfalls keine feste Rheinbrücke, dafür aber immerhin eine rund 500 m lange Brücke über den Altrhein. Der Hauptstrom hingegen mußte mittels einer sogenannten Trajektanstalt bei Elten überwunden werden, einer Eisenbahnfähre also. Das war eine überaus umständliche Angelegenheit, und als endlich die Brücke bei Arnheim zur Verfügung stand, ging es mit der »Trajektanstalt« rasch bergab. Ab 1887 verkehrten keine Schnellzüge nach Köln mehr über diese Route, 1912 wurde der Trajektverkehr ganz eingestellt und durch ein Dampfboot ersetzt. Übrigens hatte das Trajekt nicht nur Bedeutung für den internationalen Verkehr, sondern stand sozusagen auch niederländischen »Korridorzügen« zwischen Nijmegen und Arnheim zur Verfügung.

Obwohl infolge der Eisenbahnverstaatlichung in Preußen das Gros des internationalen Verkehrs auf der Emmericher Route am rechten Niederrhein konzentriert werden konnte, blieben auf der Klever am linken Nie-

Kranenburg ist die einzige Zwischenstation zwischen Kleve und Nijmegen, wenn man einmal vom Haltepunkt Heyendaal auf der im holländischen Abschnitt teilweise parallel führenden Strecke Venlo - Nijmegen absieht. 212 239 wartet mit einem BDnrzf-Silberling auf die Ausfahrt nach Kleve.

Dunkle Wolken über der Strecke Kleve-Nijmegen. In Groesbeek dicht an der holländisch/deutschen Grenze ist die Dorfkirche und die typisch holländische Halbschrankenanlage zu bewundern.

Auch im niederländischen Abschnitt wird die Strecke auf ganzer Länge eigenständig neben der hier zweigleisigen Strecke Venlo - Nijmegen geführt. 212 239 passiert mit ihrem Steuerwagen den dreigleisigen Abschnitt in Richtung Grenze.

Gedanken zur internationalen Verflechtung an einem Stumpfgleis in Nijmegen: Vorn ein rotlackierter belgischer Vierachser, dahinter der deutsche Zug aus und nach Kleve (auf dem in Deutschland gebauten Zugzielanzeiger heißt er »Stoptrein«), dahinter ein niederländischer Intercity mit von Talbot in Aachen (als Ausgleich arbeiten dort viele Niederländer) gebauten Wagen und einer Lokomotive aus den USA. Und nicht zuletzt: ein »meisje« (siehe auch Farbteil Seite 54).

derrhein bis in die 80er Jahre internationale Züge (teilweise sogar von und nach München), als letzter hielt der D 416/417 bis 1987/88 zwischen Köln und Amsterdam die Erinnerung an die ruhmreicheren Jahre wach.

In den letzten Betriebsjahren der Strecke wurde der Verkehr auf fünf Eilzugpaare zurückgenommen, die auf der 33 km langen Strecke Kleve - Nijmegen pendelten. Einziger Zwischenhalt war die Grenzstation Kranenburg. Obwohl die Reisezeiten von 24 Minuten (inkl. Grenzabfertigung) nicht unattraktiv waren, verkehrten die Züge mangels Nachfrage am 1. Juni 1991 zum letzten Mal. Möglicherweise werden sie – in Form moderner Leichttriebwagen anstatt schwerer Diesellok mit Wagenzug – in absehbarer Zeit wiederkommen. Beiderseits der Grenze gibt es entsprechende Aktivitäten. Die sogenannte Bahnregionalisierung, die in Nordrhein-Westfalen den zuständigen Kreisen und Kommunen ab 1998 viel Spielraum gibt, könnte hier ein fruchtbarer Nährboden sein.

482 Bedburg (Erft) - Düren 21 km

Beinahe heimlich, auf jeden Fall still und leise verschwand am **27. Mai 1995** die 21,3 km lange Verbindung Bedburg - Düren aus dem Schienenverkehrsangebot der DB. Keine Tartarenmeldungen in der Fachpresse gingen dem Abschied voraus, keine großangelegten Initiativen trommelten für den Erhalt. Dabei handelte es sich hier um eine der ältesten aller in diesem Buch versammelten Strecken, am 1. September 1869 war sie als Teil der Querverbindung Düren - Bedburg - Grevenbroich - Neuss von der Rheinischen Eisenbahngesellschaft (RhEG) eröffnet worden.

Aber wie das bei Querrverbindungen nun einmal so ist: zu den wichtigsten Routen liegen sie quer, was in diesem Falle heißt, daß die Strecke für den alles überragenden Verkehr mit Köln nicht gut zu gebrauchen war. Die Frequentierung war alles in allem sehr gering, zumeist reichte eine 212 mit einem alten Bm-Schnellzugwagen für die zwischen Bedburg und Düren pendelnden Züge ganz und gar aus (der Fahrplan dagegen war bis zuletzt mit 15 Paaren werktags im »Beinahe-Stundentakt« und auch mit Wochendendverkehr eigentlich recht ansehnlich).

Hinzu kam eine ganz andere Sache. Die Strecke war den Raumplanern des »Kohlelandes« Nordrhein-Westfalen insofern ein Dorn im Auge, als sie – irgendwann bald – eventuellen Aufschließungen im Braunkohletagenbau im Wege sein könnte. Das ist zwar sehr vage formuliert, bot aber immerhin einen Anlaß, keine weiteren Zukunftsinvestitionen zu tätigen. Und ohne die war die Strecke nicht zu beleben. Immerhin blieben die durch die Einstellung eingesparten Zugkilometer der Region erhalten: jetzt wird auf der Linie Neuss - Bedburg - Horrem (Horrem liegt an der Magistrale Aachen - Düren - Köln), die die Gemeinden entlang der Erft erheblich besser an die Metropole anbindet, im Stundentakt mit modernisiertem Fahrzeugmaterial gefahren.

Diese Linie Bedburg - Horrem ist noch eine kurze Betrachtung wert, denn sie ist letztes Relikt der Kreis

Hauptsächlich für die Bedburger Strecke entstanden am Nordkopf des Bahnhofs Düren zwei Stumpfgleise mit einer heute noch vorhandenen Drehscheibe als Abschluß. Am 04.05.1995 wartet dort 212 327 mit ihrem Steuerwagen auf die Abfahrt nach Bedburg.

Vor der imposanten Kulisse der Zuckerfabrik Elsdorf hat es 212 327 am 04.05.1995 nur noch wenige Meter bis zum Bahnsteig von Elsdorf. Auch hier zeigte die DB AG dem Publikum mit dem modernisierten Silberling, was künftig zwischen Bedburg und Düren hätte sein können.

Elsdorf ist am 03.05.1995 erreicht, der Schaffner wartet auf den Sprung des Minutenzeigers und dann wird sich die V 100 wieder ins Zeug legen. Mit rund 20 PS je Sitzplatz und über 100 PS je Fahrgast wird das nicht schwer. Umgerechnet auf einen Mittelklasse-PKW wären das zwischen 100 und 500 PS.

Noch vor zehn Jahren galten in Fachpublikationen die berühmten »A«s als typische Fahrgäste des öffentlichen Nahverkehrs: Je nach Lesart also Arme, Alte, Ausländer, Auszubildende, Arbeitslose. Mit Milliardeninvestitionen versucht man nun, dieses A für »Alle« stehen zu lassen. Nicht jedoch zwischen Düren und Bedburg. Dort kommen die modernen Fahrzeuge für Alle zu spät (Aufnahme vom 03.05.1995).

Bergheimer Kleinbahnen, deren schmalspuriges Netz in den letzten Jahren des 19. Jahrhunderts entstand. Aber schon bis 1912 wurden die Strecken auf Normalspur umgebaut, weil der rege Güteraustausch mit der Staatsbahn sich zu aufwendig gestaltete. Anschluß an die Staatsbahnen, in denen inzwischen die Rheinische Eisenbahngesellschaft aufgegangen war, hatte man übrigens nicht nur in Bedburg und Horrem, sondern auch in Elsdorf. Und Elsdorf mit seiner großen Zuckerfabrik wiederum war die wichtigste Zwischenstation der Linie Bedburg - Düren. 1913 schließlich wurden die Bergheimer Kreisbahnen vom preußischen Staat aufgekauft, 9,5 Mio. Mark flossen dafür in die Kreiskasse. Das Geschäft geschah vor folgendem Hintergrund: Die alte Kleinbahn sollte in eine strategische Bahn vom linken Niederrhein über Liblar und Rheinbach in Richtung Ahrtal/Eifel eingeflochten werden, die allerdings nicht mehr vollendet wurde. Von ihr künden noch heute einige mächtige Brücken und Tunnelbauwerke im Voreifelland.

1961 wurde die Verbindung Elsdorf - Bergheim, die einzige Anschlußstrecke zwischen Bedburg und Düren, im Personenverkehr stillgelegt, und noch in den 60er Jahren verschwand auch der Rest der ehemaligen Bergheimer Kreisbahnen aus dem Reisezugangebot. Außer eben Bedburg – Horrem; just dieses Stück macht jetzt also Karriere, auf Kosten der einst weit vornehmer dastehenden »Vollbahn« Bedburg - Düren sozusagen. Angesichts des laufenden S-Bahn-Baus Köln - Horrem - Düren (S 13 des Verkehrsverbundes Rhein-Sieg) kann man ihm noch eine gedeihliche Zukunft prophezeien.

509 siehe Strecke 534/509

524 Aue (Sachs) - Blauenthal 12 km

Totgesagte leben länger – aber auch nicht ewig: Am **22. September 1995** fuhr der wohl endgültig letzte planmäßige Personenzug auf der Kursbuchstrecke 524 zwischen Aue und Blauenthal im westlichen Erzgebirge. Ein heftiges Gewitter hatte Unterspülungen an einigen Stützmauern der neben der Zwickauer Mulde liegenden Trasse verursacht, was einen Weiterbetrieb nicht mehr zuließ.

Schon knapp fünf Jahre zuvor, am 7. Dezember 1990, also auf den Tag genau 155 Jahre nach Eröffnung der ersten »richtigen« deutschen Eisenbahn, war für die Strecke Aue - Blauenthal ein erster Abschied vom Personenzugverkehr gekommen. Die damals noch existente DDR-Reichsbahn hatte angesichts des geringen Fahrgastaufkommens und unübersehbarer technischer Mängel zu diesem »Eckdatum« der deutschen Eisenbahngeschichte dem defizitären Betrieb ein Ende machen wollen. Am Folgetag, also am 8. Dezember 1990, wurde mit der Dampflok 86 1001 hier noch ein kleines Abschiedsprogramm inszeniert, dann sollte endgültig Schluß sein.

Aber die Reichsbahn hatte die Rechnung ohne die Landesregierung gemacht. Der damals noch ebenso junge wie tatendurstige Freistaat Sachsen focht die Einstellung des Zugverkehrs an und setzte die Wiederinbetriebnahme durch. Mit Beginn des Jahresfahrplans 1991/92 wurde am 3. Juni der Betrieb wieder aufgenommen. Diese Entscheidung kam so plötzlich, daß man die Zugfahrpläne im Kursbuch nicht mehr unterbringen konnte.

Am Stadtrand von Aue findet sich diese bemerkenswerte Beton-Fußgängerbrücke, die sicherlich den Status als Baudenkmal verdient hätte. Aber alter Beton kann sehr teuer werden, zumal er am 29.02.1996 schon nicht mehr benötigt wird.

Trostlosigkeit am Bahnhof Bockau. Kaum vorstellbar, daß hier noch Menschen wohnen. Züge jedenfalls fahren nicht mehr. Aufnahme vom 29.02.1996 (siehe auch Farbteil Seite 54 und Rücktitel).

Bereits in »Abschied von der Schiene II« ist die wechselvolle Vorgeschichte der Strecke, die damals noch die DR-Kursbuchnummer 440 trug, beleuchtet worden. Wir können es hier deshalb bei einigen knappen Sätzen belassen: Das nur noch 12 km messende Stück nach Blauenthal war ein Überbleibsel der »Chemnitz-Aue-Adorfer Eisenbahn« (Kürzel: »CA«), die als private Konkurrenzlinie zur staatlichen Magistrale Chemnitz - Plauen - Eger aufgebaut werden sollte. 1875 wurde die »CA« eröffnet (im Abschnitt Aue - Schöneck am 7. September 1875), aber schon ein Jahr später bot sich das kränkelnde Unternehmen dem Staat zur Übernahme an. Letzterer griff auch zu, beließ die Linie jedoch stets im Schatten der Magistrale Chemnitz - Plauen. Definitiv zerschnitten wurde die Verbindung Aue - Adorf jedoch erst 1975 im Zusammenhang mit dem Bau der Muldetalsperre, die heute einen Teil der alten Trasse überflutet. Nun war am östlichen Reststück in Blauenthal Endstation, am westlichen ist es seit 1982 Muldenberg an der heutigen Kursbuchstrecke 538.

Daß es eine dritte Stillegung der Strecke Aue - Blauenthal geben wird, ist recht unwahrscheinlich. Selbst wenn infolge der Bahn-Regionalisierung hier und da von der Wiederinbetriebnahme stillgelegter Strecken die Rede ist, für Aue - Blauenthal scheint die Zeit nun endgültig abgelaufen zu sein.

534 Böhlen (b Leipzig) - Espenhain, Werkbahnsteig 7 km

Hatten wir es vorhin, bei der Kursbuchstrecke 482, mit einer Verbindung zu tun, deren Ende auch in Zusammenhang mit den Ausbauplänen des Braunkohletagebaus zu bringen ist, so liegt hier der entgegengesetzte Fall vor: Einstellung des öffentlichen Personenverkehrs infolge Einstellung des Braunkohletagebaus. Dabei ist »öffentlicher Personenverkehr« wohl ein wenig geprahlt. Denn letztlich handelte es sich ja bei der Verbindung von der Station Böhlen an der Magistrale Leipzig - Altenburg zum Tagebau Espenhain doch um nicht viel mehr als um einen öffentlichen Arbeiterverkehr.

Das war nicht immer so gewesen. Als die Sächsischen Staatseisenbahnen am 1. Mai 1913 die 7 km kurze Nebenstrecke nach Espenhain in Betrieb nahmen, war sie eine von vielen. An den Braunkohletagebau dachte damals vermutlich noch niemand. Das änderte sich erst mit den Kriegsvorbereitungen der Nationalsozialisten in den 30er Jahren. Die Braunkohlechemie erlebte nun einen enormen Aufschwung, weil es möglich war, aus Braunkohle auch Kraftstoff zum Antrieb von Motoren zu gewinnen. Der war zwar in der Herstellung etwa doppelt so teuer wie aus Erdöl raffinierter, aber Braunkohle gab (und gibt) es nun einmal in Deutschland »satt«, Erdöl hingegen ist bekanntlich ziemlich rar. 1937 bis 1944 wurde der Tagebau Espenhain aufgeschlossen, eine ganze Landschaft veränderte ihr Gesicht. Die ehemalige Endstation der Nebenbahn wurde aufgelassen, die Züge fuhren nun bis zum Werkbahnsteig.

Unter sowjetischer Führung begann nach dem Zweiten Weltkrieg die Reaktivierung des zwischenzeitlich brachliegenden Tagebaus und der angeschlossenen Chemiebetriebe sowie des Großkraftwerks. Espenhain, damals der modernste Braunkohletagebau Deutschlands, war nicht demontiert worden, sondern sollte zu

Der alte Endbahnhof Espenhain der Königlich Sächsischen Staatseisenbahnen liegt am 22.04.1993 abseits des Geschehens und ist nur per Auto, Fahrrad oder zu Fuß zu erreichen.

Mitten ins Getümmel des riesigen Werkbahnnetzes des Espenhainer Reviers führt uns diese Aufnahme vom 28.04.1993. Während ganz rechts die Gleise zum Werkbahnsteig II zu erkennen sind, rangiert zwischen den Güterwagen eine der fünf V 60 des BKK Espenhain.

109 042 hat am 28.04.1993 den Endpunkt Espenhain, Werkbahnsteig II (nur im Kursbuch übrigens Werksbahnsteig) erreicht und wartet nun im Stumpfgleis am Streckenende auf das Umsetzen. Die Maschine gehört zur ersten Nachkriegs-Elektrolokbaureihe der DDR. In den Hallen der »Betriebsdirektion Instandhaltung« der MIBRAG links im Bild wird der umfangreiche Fahrzeugpark der Werkbahn gewartet. Allein 85 schwere vier- und sechsachsige Elektroloks wurden zwischen 1939 und 1981 für Espenhain gebaut

Die Bezeichnung Werkbahnsteig II deutet bereits darauf hin, daß es weiter westlich auch noch einen - nicht mehr bedienten - Werkbahnsteig I gab. Die alte Nebenbahn und die rund 3 km lange Anschlußstrecke zum Werkbahnsteig II wurde wegen ihrer großen Bedeutung am 02.10.1961 - also für die DR sehr früh - elektrifiziert. Am 28.04.1993 sind dagegen nur zwei Reisende im einzigen Waggon. Und die müssen über eine Stunde auf die Rückfahrt warten, weil zuvor die Feuerwehr noch einen Böschungs- und Schwellenbrand löschen muß (siehe auch Farbteil Seite 55).

einem Kern der Reindustrialisierung der DDR geformt werden. Genau so kam es. Mit den auch vom rheinischen Tagebau bekannten »Begleiterscheinungen« – Umweltzerstörung und Umsiedlung ganzer Ortschaften – fraß sich das Kombinat Espenhain immer weiter ins Land. Gestoppt wurde der Vormarsch erst infolge der Wiedervereinigung Deutschlands. Im Westen konnten die Kraftwerke weit mehr Strom produzieren als verbraucht wurde, die alte Ost-Braunkohlechemie war in katastrophalem Zustand. Angesichts dessen war es letztlich nur vernünftig, die extrem umweltbelastende »Veredelung« und Verfeuerung von Braunkohle in den alten Anlagen aufzugeben. Damit hatte das Stündlein des Tagebaus Espenhain geschlagen. In Riesenschritten wurde die Förderung zurückgefahren, am 28. April 1995 verließen die beiden letzten Kohlezüge den Tagebau.

Die letzten Reisezüge – gebildet aus einer 109 mit einem Wagen – waren schon am **21. Mai 1993** gefahren. Sie verkehrten jeweils von und nach Leipzig und trafen stets 17 Minuten vor Schichtbeginn in Espenhain ein bzw. fuhren 22 Minuten nach Schichtende zurück. Zuletzt jedoch (fast) ohne Schichtarbeiter.

534 Altenburg - Narsdorf 31 km
509 Penig - Langenleuba-Oberhain 7 km

Nachdem die Kursbuchnummer 534 mit Einstellung des Arbeiterverkehrs zwischen Böhlen und Espenhain zum Sommer 1993 freigeworden war, ging sie an die rund 20 km weiter südlich liegende Verbindung Altenburg - Narsdorf über. Die Nummer 534 und die Tatsache, daß beide Linien von den Sächsischen Staatseisenbahnen geschaffen worden waren, dürfte aber auch schon so ziemlich die einzige nennenswerte Gemeinsamkeit gewesen sein. Denn während die Linie Altenburg - Narsdorf durch eine durchaus »intakte« Landschaft führte und tatsächlich wie eine typische Nebenbahn dastand, war dies für die Espenhainer wie gesehen keineswegs der Fall.

Die nachmalige Verbindung Altenburg - Narsdorf setzte sich aus zwei Elementen zusammen: aus der am 15. Juni 1901 von den Sächsischen Staatseisenbahnen eröffneten Nebenbahn nach Langenleuba-Oberhain, die bei Altenburg-Nobitz von der Magistrale Leipzig - Plauen abzweigte und bei Steinbach die Grenze zwischen dem damals noch souveränen Sachsen-Altenburg und dem Königreich Sachsen überquerte; und aus der ebenfalls von den Sächsischen Staatseisenbahnen erbauten und später ebenfalls als Nebenbahn betriebenen Strecke (Glauchau -) Penig - Langenleuba-Oberhain - Narsdorf - Rochlitz (eröffnet am 8. April 1872). Als Kuriosum ist sicherlich festzuhalten, daß vier Jahre später auch die Muldenthal-Eisenbahngesellschaft eine Strecke von Penig nach Rochlitz eröffnete (über Wechselburg), an ihr liegt übrigens der schon zu einiger Popularität gelangte Ort bzw. Bahnhof namens Amerika; 1880 wurde die Muldenthal-Eisenbahngesellschaft verstaatlicht. Schließlich darf natürlich auch die Hauptbahn Chemnitz - Narsdorf - Borna - Leipzig nicht vergessen werden, wenn man ein Bild von dem Streckenwirrwarr rund um Narsdorf vermitteln will, mit dem sich zunächst die Sächsischen Staatseisenbahnen und in deren Folge

Auf der östlichen Seite des wuchtigen Narsdorfer Insel-Empfangsgebäudes wartet am 24.06.1994 die LVT-Garnitur 972 709/772 109 auf die Rückfahrt nach Altenburg. Bevor sie losfahren kann, muß allerdings erst die »Saxonia«, ein 1988 fertiggestellter Nachbau der ersten brauchbaren in Deutschland gebauten Dampflokomotive von 1838 das Gleis räumen. Für ihre Fahrten auf DB AG-Gleisen hat die Lok sogar eigens eine Computernummer erhalten: 088 895-8 »heißt« das seltene Stück.

Bei Wernsdorf ist am 24.06.1994 772 154 als N 8034 unterwegs. Die landschaftliche Idylle und die Nebenbahnromantik täuschen darüber hinweg, daß hier bereits ein Jahr später die Gleise rosten werden.

Weit über 1000 Exemplare der Reihe V 60 wurden an die DR, zahlreiche Betriebe und ins Ausland geliefert. Eine davon, die 1966 gebaute 346 355 hat am 04.01.1993 eine LVT-Garnitur im Haltepunkt Steinbach am Haken.

Der etwas skeptisch dreinschauende Triebwagenführer im 972 727 wird sich sicherlich fragen, wie der Fotograf am 10.05.1995 mitten auf den großen Viadukt bei Wiesebach gekommen ist. An dem Bau frißt - seit nunmehr fast 94 Jahren - der Zahn der Zeit. In knapp drei Wochen muß die Brücke nur noch sich selbst und vielleicht einige »illegale« Fußgänger tragen (siehe auch Farbteil Seite (55 und 56).

Reichsbahn und DB abzumühen hatten. Erstaunlicherweise war bis in die jüngste Vergangenheit lediglich die Verbindung Penig - Langenleuba-Oberhain für den Personenverkehr »ausgemustert« worden (und zwar von der Fachpresse praktisch unbemerkt am **26. Mai 1990**; dies sei an dieser Stelle als Nachtrag zum Band II unserer Reihe »Abschied von der Schiene« notiert), ansonsten hatte sich die einzigartige Dichte des sächsischen Eisenbahnnetzes auch hier, abseits der Ballungsräume erhalten.

Was andere »versäumt« hatten, holte die Deutsche Bahn AG nach. Am **27. Mai 1995** fuhr letztmals ein Schienenbus (LVT) zwischen Altenburg und Narsdorf. Es steht zu befürchten, daß es nicht die letzte »Ausdünnung« in dieser Region gewesen ist.

548 Schönberg (Vogtl) - Hirschberg (Saale) 20 km

»Alle Züge 2. Klasse« stand klein, aber deutlich über der Fahrplantabelle der Strecke 548 im Kursbuch 1994/95. Gleichwohl tauchten dann in der Tabelle selbst gar keine Zugverbindungen mehr auf. Sie blieb weiß, nicht einmal ein Hinweis auf Busersatzverkehr existierte. Aber das ganze war zumindest ein klarer Hinweis darauf, wie kurzfristig die Einstellung des Schienenpersonenverkehrs zwischen Schönberg und Hirschberg vorgenommen wurde.

Dabei war der dramatische Rückgang der Fahrgastzahlen natürlich schon seit längerem nicht zu übersehen gewesen. Infolge der »Wende« hatten wichtige Betriebe in und um Hirschberg »dichtgemacht«, Jobs gibt es seitdem eher im benachbarten Raum Hof (Bayern), wer dort Arbeit erhielt, der fährt mit dem Auto. Zudem sind bekanntlich die Verwaltungsgrenzen zwischenzeitlich neu gezogen worden, so daß auch der Schülerverkehr sich andere Wege suchte. Warum das Ende dann aber

Bei Tanna ist am 09.05.1994 ein Feldbahnzug der Vereinigten Ziegelwerke Gera unterwegs, als 201 888 mit dem N 8639 nach Hirschberg vorbeifährt. Feldbahnen sind in Deutschland inzwischen Raritäten und auch der Einsatz der Dieselloks der Baureihe 201 geht dem Ende entgegen, wenn auch 201 888 erst 1978 bei LEW Hennigsdorf entstand. Die Akkulok 1 gehört mit 600 mm-Spurweite zur Typenreihe B 360; drei gleiche Maschinen dieses Typs laufen beim Ziegelwerk.

Am 09.05.1994 um 14.46 Uhr hält vor dem Empfangsgebäude der ehemaligen Königlich Sächsischen Staatseisenbahnen in Tanna im ehemaligen Fürstentum Reuss jüngere Linie (Schleiz-Gera) der Zug nach Hirschberg. Lok und Wagen hat die Deutsche Reichs- (!) bahn der Deutschen Demokratischen Republik angeschafft. Sie gehören jetzt der Deutschen Bahn Aktiengesellschaft und Tanna liegt im Bundesland »Freistaat Thüringen« der Bundesrepublik Deutschland. Deutsche Geschichte anhand eines kleinen Bahnhofs.

In einer Waldschneise bei Göttengrün-Gefell begegnet uns am 25.05.1994 der uns schon von der Feldbahn bei Tanna vertraute N 8639, diesmal jedoch mit der 201 875 bespannt. Auch diese Maschine aus der jüngsten V 100-Serie wird keine 20 Jahre alt werden, da sie nicht mehr rechtzeitig einen der neuen stärkeren Motoren erhalten hat. Dadurch wäre sie zur Baureihe 202 oder 204 geworden, die noch eine etwas längere Lebenserwartung haben.

Am 09.05.1994 werden in Hirschberg Gleisbauarbeiten durchgeführt, bei denen auch dieser »Schiene-Straße-Trecker« zum Einsatz kommt (siehe auch Farbteil Seite 121).

doch so plötzlich kam, mag ein Rätsel bleiben. Gravierende technische Mängel an der Strecke können es jedenfalls nicht gewesen sein, denn Güterverkehr –voran Holzabfuhr – findet hier weiterhin statt.

Weit umständlicher als das krasse Finale war die Ouvertüre. Zwar wurde die 20 km lange Nebenbahn von dem an der Magistrale Hof – Plauen gelegenen Schönberg nach Hirschberg an der Saale komplett von den Sächsischen Staatseisenbahnen eröffnet (1. Juli 1892) und auch betrieben, gleichwohl war es eine grenzüberschreitende Verbindung, denn Hirschberg und Umgebung gehörten zum Streubesitz des Fürstentums Reuß jüngere Linie (Hauptstadt: Gera), nicht zum Königreich Sachsen.

Nach einem Blick auf die Landkarte wird man sofort die Frage stellen müssen, warum eigentlich für Hirschberg eine Anbindung in Richtung Plauen gewählt wurde, wo doch das bayerische Hof erheblich näher lag und entlang der Saale auch gut zu erreichen gewesen wäre? Hier wird wohl die »große Politik« eine Rolle gespielt haben. Von Schönberg aus hatte Sachsen bereits 1887 mit einer Nebenbahn den regional bedeutenden reußischen Ort Schleiz erreicht (heute KBS 547). Mit der Linie nach Hirschberg wurde nun praktisch das gesamte reußische Oberland für Plauen erschlossen, was zumindest für Plauens und Sachsens Wirtschaft Sinn machte. Möglicherweise hätte die Regierung in Gera besser daran getan, den Anschluß an Nordbayern, sprich Hof zu suchen.

Aber selbst kühnster Weitblick hätte die Ereignisse der folgenden 100 Jahre niemals korrekt erfassen können, insofern relativiert sich die obige Fragestellung. Zudem liegt mit der letzten planmäßigen Fahrt eines Reisezuges zwischen Hirschberg und Schönberg am **28. Mai 1994** die wohl endgültige Antwort längst vor.

592 Berga-Kelbra - Stolberg (Harz) 15 km

»Kinderwagen können nur mitgenommen werden, wenn Bauart und Besetzung der Busse dies zulassen.« Auch solch charmante Hinweise – jeder Linienbusbetrieb würde sich dafür rasch einen saftigen Rüffel durch die lokalen Medien einhandeln – gehören zum literarischen Arsenal moderner DB-Kursbücher. Diese Fußnote hier steckt im Kursbuch 1996/97 unter der Tabelle der Strecke 592 Berga-Kelbra - Stolberg, auf der seit dem **27. November 1995** Busse im Schienenersatzverkehr unterwegs sind.

Der Grund dafür ist der schlechte Zustand der Viadukte in Stolberg. Zunächst war der 30. November 1995 als letzter Betriebstag für die Schienenfahrzeuge angegeben worden, aber irgendwie, so scheint's, hat sich dann der Zustand der steinernen Patienten ganz schnell und ganz dramatisch verschärft, und so war dann doch schon vier Tage früher, also am 26. November 1995, Schluß. Andererseits: Ganz so überraschend kann das »Aus« auch wieder nicht gekommen sein, denn der aus 772 113 und 972 713 gebildete Zug (modernisierte »Ferkeltaxen« also) trug einen Trauerflor mit der sauber ausgeführten Bedruckung: »Vorerst letzte Fahrt 26.11.95 Berga-Kelbra - Stolberg«.

Ob das wirklich die »vorerst letzte Fahrt« war und nicht doch schon die allerletzte? Bis Redaktionsschluß dieses Buches nämlich hatten sich das Land Sachsen-Anhalt und die DB AG nicht auf ein Finanzierungskonzept für die Brücken- und Streckensanierung einigen können. Umstritten blieb auch die Frage, wie es mit dem Güterverkehr weitergehen könnte; Güterverkehr ist nun einmal für zahllose Strecken ein unverzichtbares Zubrot. Allerdings ist für Fracht nicht die Endstation Stolberg von Bedeutung, sondern Rottleberode, genauer: der noch in den sechziger Jahren von der DDR-Reichsbahn großzügig ausgebaute Bahnhof Rottleberode Süd mit seinem wichtigen Anschluß zum Harzer Gipswerk.

Rottleberode war wegen der hier abgebauten bzw. verladenen Bodenschätze schon in der Frühzeit der zunächst 9,4 km langen Nebenbahn von herausragender Bedeutung. Rottleberode war auch 33 Jahre lang Endstation der in Berga-Kelbra von der Halle-Kasseler Eisenbahn ausgehenden und am 1. Juni 1890 eröffneten Stichstrecke. Zwar nannten die Preußischen Staatseisenbahnen den Bahnhof damals Rottleberode-Stolberg, aber Stolberg selbst, das wegen der hier ansässigen Grafen zu Stolberg-Stolberg und zunehmend auch

Rottleberode, früher Rottleberode-Stolberg, war bis 1923 der Endpunkt der Nebenbahn aus Berga-Kelbra. Erst dann ging es weiter nach Stolberg und der Bahnhof verlor den Doppelnamen. Der modernisierte 771 008, einer der ältesten LVT der DR mit Baujahr 1963 hält hier kurz an, um dann nach Berga-Kelbra weiterzufahren.

33 Jahre lang war Rottleberode auch so etwas wie der »Residenzbahnhof« der Grafen zu Stolberg-Stolberg. Da ließen sich die Königlich Preußischen Staatseisenbahnen nicht lumpen und veranlaßten eine gehobene Ausstattung: Roter Sandstein verfeinert den ockerfarbenen Klinker, feines Fachwerk erfreut das Auge. Alle Aufnahmen vom 7. 10. 1995.

Für die Verlängerung mußte viel Geld in die Stolberger Viadukte investiert werden. 72 Jahre später fehlte es an dieser Stelle an Geld für eine Sanierung. So ist das Bild von 771 008 vielleicht schon ein Abschiedsbild (siehe auch Farbteil Seite 121).

wegen des aufkommenden Fremdenverkehrs einige Bedeutung hatte, war noch gut fünf Kilometer entfernt. Erst 1914 begann man mit dem Bau des 5,4 km messenden Verlängerungsstücks, dessen Fertigstellung jedoch durch den Ersten Weltkrieg weit hinausgezögert wurde: am 1. März 1923 fuhr der erste Personenzug in den neuen Bahnhof Stolberg, der Güterverkehr wurde fünf Monate später, also zum 1. August, aufgenommen. Das Verlängerungsstück war technisch recht knifflig, denn hier dringt die Strecke in die Harzer Vorberge vor und muß Höhenunterschiede von etwa 300 m meistern. Alles in allem war das einiger Aufwand angesichts der Tatsache, daß schon damals für Stolberg kein großer Güterverkehr erwartet wurde. Weit mehr Hoffnungen setzte man in den Tourismus, dem schon damals eine große Zukunft vorausgesagt wurde.

Tourismus- und Freizeitfahrten, so läßt uns die moderne Forschung wissen, machen heute den wichtigsten Anteil am gesamten deutschen Personenverkehr aus. Die Schiene spielt dabei jedoch nur eine marginale Rolle – und in Stolberg (Harz) derzeit gar keine mehr.

602 Mayen West - Gerolstein 68 km

Wenn eine so lange und dabei so verkehrsarme Nebenbahn stillgelegt wird, dann steht sogleich folgende Frage im Raum: warum erst jetzt? In der Tat, ein unsicherer Kantonist war die »Eifel-Magistrale« schon seit langem gewesen, und daß die letzten Züge erst am **11. Januar 1991** fuhren, muß schon als ein kleines Wunder bezeichnet werden.

Eine 68 km lange Strecke, auf der seit Jahren schon keine durchgehenden Züge mehr angeboten wurden, die keine Großstädte miteinander verknüpfte, sondern durch nur sehr dünn besiedelte Landschaften führte, auf der die (wenigen) Schienenbusse nicht schneller – und beileibe nicht komfortabler – waren als die weit häufiger verkehrenden Straßenbusse gleich nebenan, auf der der Fahrplan jegliches Konzept vermissen ließ – nein, das konnte ganz einfach nicht gutgehen. Solche Zustände sprechen dafür, daß niemand daran interessiert ist, den Verkehr aufrechtzuerhalten, sondern – im Gegenteil – ihn stillzulegen. Genau das war natürlich auch hier der Fall. Die Deutsche Bundesbahn wird sich die Hände gerieben haben, als sie endlich die Betriebspflicht abschütteln konnte. Eigentlich hatte man das schon zum Beginn des Winterfahrplans 1990/91 erledigen wollen, aber wegen eines Formfehlers im Stillegungsverfahren – geheiligt sei die Bürokratie! – mußte die Sache noch einmal verschoben werden. Immerhin wird die Galgenfrist der Strecke noch ein paar Mark zusätzlicher Einnahmen (Bereisungen durch Eisenbahnfreunde) verschafft haben (von den zusätzlichen Ausgaben wollen wir an dieser Stelle großzügig schweigen). Ja, es konnte am 12. Januar 1991 sogar noch eine »Abschiedsfahrt« eingelegt werden, und der Foto-Halt des Schienenbusses unterhalb der Burgruine von Monreal dürfte in der Tat eines der häufigsten Nebenbahn-Motive des Jahres 1991 geworden sein. Von da an zogen mehr und mehr die DR-Strecken im Osten das Interesse auf sich. Die Eifel im Westen jedenfalls hat in dieser Hinsicht nun nicht mehr viel zu bieten.

Natürlich darf das bekannteste Motiv der Strecke nicht fehlen: Die Löwenburg direkt über dem Monrealer Tunnel. Zuletzt meistens mit Schienenbussen fotografiert, verirrte sich am 06.10.1994 die Thüringerin 94 1292 für Filmaufnahmen hierhin. Auch ein paar Schotterwagen durften mit ihr zusammen Filmstar spielen.

Vor dem Jungferweiher bei Ulmen grast am 05.09.1988 eine Schafherde, als der Nahverkehrszug mit seiner V 100 vorbeirumpelt. Das stört Mensch und Tier kaum noch, liegt doch über dem Tal der Dauerlärm der A 1.

Am 05.09.1988 verläßt vorbei am Stellwerk Df eine Schienenbus-Garnitur den Bahnhof Daun in Richtung Mayen. Der Schienenbus kommt vom Hausbahnsteig, befindet sich gerade auf dem Streckengleis Richtung Wengerohr und wird keine fünf Meter weiter erneut nach links auf das Gleis nach Mayen einschwenken. Das Gleis ganz rechts führte früher zur Drehscheibe mit zweiständigem Lokschuppen.

Darscheid besaß ein Empfangsgebäude im typischen Eifelquerbahnstil, d. h. verputzte Wandflächen mit Sandsteinverkleidung an den Gebäudekanten. Bei Erscheinen dieses Buches endet ganz in der Nähe die Baustelle der Bundesautobahn A 1 Oldenburg in Holstein - Saarbrücken, von der dann nur noch das Teilstück Blankenheim - Darscheid der Erbauung harrt. Am 05.09.1988 hat eine V 100 mit drei Silberlingen einen kurzen Halt auf Gleis 1 eingelegt. Der letzte der drei war in besseren Zeiten einmal ein Steuerwagen (siehe auch Farbteil Seite 122).

Die Eifel-Querbahn war das letzte Relikt eines einstmals recht ansehnlichen Nebenbahnnetzes innerhalb des aus der DB-Strecke Köln - Trier sowie den Flüssen Ahr, Mosel und Rhein gebildeten Vierecks. Eckpunkte waren die Bahnhöfe Mayen Ost (Endstation der 1878/80 von der Rheinischen Eisenbahngesellschaft eröffneten Stichbahn von Andernach/Rhein) sowie Gerolstein an der 1871 fertiggestellten Hauptbahn Trier - Köln, die ebenfalls von der RhEG ins Leben gerufen worden war. Die 70,7 km lange Verbindung Mayen Ost - Gerolstein wurde dann in einem Stück am 15. Mai 1895 von den Preußischen Staatseisenbahnen eröffnet.

Trotz ihrer beachtlichen Länge hat die Eifel-Querbahn Gerolstein - Andernach es zeitlebens lediglich zu zwei Zweigstrecken gebracht. Beide mußten im Band »Abschied von der Schiene I« bereits behandelt werden. Da war zunächst die 1904 fertiggestellte Verbindung Mayen Ost - Koblenz-Lützel (damalige KBS 603), auf der am 9. Dezember 1983 der Personenverkehr eingestellt wurde; Oberbauschäden gaben den Anlaß. Bereits zwei Jahre zuvor, am 31. Oktober 1981, hatte der Verbindung von Daun nach Wittlich (damalige KBS 623) das Stündlein geschlagen; diese Strecke, ebenfalls eine staatlich preußische Nebenbahn, war in mehreren Etappen 1909/10 eröffnet worden. Nach der Einstellung des Personenverkehrs auf diesen Zweigstrecken sackte auch auf der Durchgangslinie der Verkehr spürbar ab. Das Ende war spätestens damit programmiert.

Für den Personenverkehr weiter genutzt wird von der eigentlichen Nebenstrecke noch das 3 km kurze Teilstück Mayen West - Mayen Ost, auf der im Takt Regionalbahnzüge von bzw. nach Andernach pendeln (KBS 478).

602 Erfurt Nord - Erfurt Berliner Straße 3 km

Der Haltepunkt Erfurt Berliner Straße lag inmitten eines riesigen Neubaugebietes im Norden der Stadt. Damit sich die Bewohner der zahllosen Plattenbauten, vor allem aber wohl die örtlichen Funktionäre eines modernen Eisenbahnanschlusses rühmen konnten, wurde auf Beschluß der Parteileitung 1976 ein »S-Bahn-Verkehr« zwischen Erfurt Hbf und dem neuen Bahnsteig an der Berliner Straße ins Leben gerufen. Das hörte sich sicherlich gut an, in Wahrheit handelte es sich jedoch um mit Dieselloks der heutigen Baureihe 201 bespannte Doppelstock-Wendezüge, die lediglich zu den Berufsverkehrszeiten tatsächlich zwischen der Satellitenstadt und dem Hauptbahnhof pendelten, ansonsten aber nur bis zum Bahnhof Erfurt Nord fuhren. Parallel zum Niedergang der Wirtschaft in der ehemaligen DDR wurde das Zugangebot zwischen Nordbahnhof und Berliner Straße bald noch weiter zurückgenommen, bis zum Schluß ein einziges morgendliches Zugpaar sowie ein »unpaariger« nachmittäglicher Zug übriggeblieben waren.

Letzterer hatte es in sich. Er wurde nämlich mit Dieseltriebwagen der Baureihe 614 gefahren, die zuvor als E 3984 aus Schweinfurt in der thüringischen Landeshauptstadt angekommen waren. Zurück ging es dann von der Berliner Straße nicht zum Hauptbahnhof, sondern in den Betriebshof. Am **26. Mai 1995** passierte das zum letzten Mal, dann wurden auch die restlichen Verbindungen gestrichen. Viel Ärger wird die DB damit nicht heraufbeschworen haben, denn sowohl mit der City als auch mit dem Nordbahnhof war die Satellitenstadt längst per Straßenbahn erheblich besser verknüpft.

Noch ein paar Worte zur Strecke selbst. Es handelt sich hier um die Trasse der ehemaligen Kleinbahn Erfurt - Nottleben, die am 11. November 1926 eröffnet worden war, zu einer Zeit also, als eigentlich schon der Kraftwagen den Nahverkehr zu erobern angesetzt hatte. Die Kleinbahn begann etwa 800 m nördlich des Reichsbahn-Bahnhofs Erfurt Nord und benutzte ab hier für einige Kilometer die Trasse des alten Anschlußgleises der

Das hätten sich die eleganten DB-Triebwagen der Baureihe 614 auch nicht träumen lassen, daß sie einmal zwischen DDR-Plattenbauten auf einer ehemaligen Kleinbahn agieren würden. Am 22.02.1995 hat 614 025 den Endpunkt Berliner Straße in Erfurt erreicht und fährt nun leer zum Betriebshof zurück. Entgegen dem Hinweis im Kursbuch hätten die Werktätigen und sonstigen Reisenden sogar die 1. Klasse zur Verfügung (siehe auch Farbteil Seite 123).

Ein seltenes Exemplar eines Abfahrtplans: Etwas blaßgelb und zerzaust kündet er vom lupenreinen 24-Stunden-Takt in Erfurt Berliner Straße. An jedem Werktag außer samstags, aber nicht am 31.10. und vom 27. - 30.12.1994, verläßt um 6.27 Uhr der N 14087 den kargen Ort. Um 6.29 Uhr wird Györer Straße erreicht und um 6.40 Uhr Erfurt Hbf. (Nur noch) gültig bis zum 27.05.1995 (der aber ein Samstag ist, hierzu siehe oben!).

Gewehrfabrik (Deutsche Werke AG), das 1917 in Betrieb genommen worden war. Schon 1939 stellte die Kleinbahn, deren Nahverkehr in Erfurt stark unter der Konkurrenz von Bussen und Straßenbahnen litt, den Personenverkehr zwischen Erfurt-Nord Kleinbahnhof und Erfurt-West ein. Am 1. April 1949 folgte die obligatorische Übernahme durch die Deutsche Reichsbahn. An der schlechten Wettbewerbssituation des Bähnchens änderte aber auch das nichts, so daß am 28. August 1967 auch der verbliebene Personenverkehr, einen Monat später schließlich der Güterverkehr zwischen Bindersleben und Nottleben eingestellt wurde. Als schon niemand mehr an eine Zukunft der Ex-Kleinbahn glaubte, wuchsen mit dem Neubaugebiet neue Aufgaben heran. An der Berliner Straße und der Györer Straße wurden Haltepunkte errichtet, und am 13. Mai 1976 begann der eingangs erwähnte Wendezugbetrieb zum Hauptbahnhof.

603 Dingelstädt (Eichsf) - Geismar 25 km
692 Perl - Apach (F) 1 km

Auch das wohl ehrgeizigste und vermessenste Bahnbauprojekt der deutschen Eisenbahngeschichte, die »Kanonenbahn« Berlin - Koblenz - Metz, hat zwischen 1991 und 1995 weitere »Federn« lassen müssen. Bereits in Band I der Reihe »Abschied von der Schiene« war vom Ende der in Hessen gelegenen Abschnitte Schwebda - Waldkappel, Malsfeld - Treysa und Wetzlar - Lollar zu berichten, die zwischen 1980 und 1985 ausrangiert wurden. Als erster Kanonenbahn-Abschnitt überhaupt war infolge der innerdeutschen Grenzziehung bekanntlich schon 1945 Geismar - Schwebda stillgelegt worden, dann 1974 Waldkappel - Malsfeld im Hessischen. Nun also muß vom Schicksal des thüringischen Stücks Dingelstädt - Geismar sowie der deutsch-französischen Grenzübergangsstrecke Perl - Apach berichtet werden.

Vorab einige knappe allgemeine Anmerkungen zum Gesamtkomplex »Kanonenbahn«. Diese war ganz wesentlich ein »Produkt« des Deutsch-Französischen

Nach dem Krieg wurde Geismar zum letzten Außenposten des Sozialismus an der Kanonenbahn. Das kapitalistische Gegenstück mit Schwebda - nur wenige Kilometer entfernt - mußten wir schon im ersten Band unserer Buchreihe kennenlernen. Am 21.04.1993 ist es am Bahnhof Geismar schon sehr ruhig geworden. Nur ein Schienenkleinwagen hat sich an diesem Tag noch einmal über die Lengenfelder Brücke getraut.

Krieges von 1870/71. Hier hatte nämlich der preußische Generalstab die Möglichkeit rascher Truppentransporte durch die Eisenbahn erstmals umfassend (auch im Wortsinne) genutzt und so entscheidende Vorteile gegenüber dem Gegner gewinnen können. Andererseits hatte sich aber auch gezeigt, in wie hohem Maße die Schlagkraft der zügig vorgeschobenen Truppen dann von nicht minder zügiger Versorgung abhing; anders ausgedrückt: Mehrfach stand der Erfolg militärischer Operationen auf des Messers Schneide, weil nicht rasch genug neue Mannschaften und neues Material herangeschafft werden konnten. Hierfür wurden damals mehrere Faktoren verantwortlich gemacht: die »Zersplitterung« des deutschen, besonders aber des preußischen Eisenbahnwesens mit seiner Vielzahl von Bahngesellschaften- und Verwaltungen, die es gewohnt waren, eher gegen- als miteinander zu arbeiten; die geringe Durchlaßfähigkeit hochbelasteter Bahnknoten wie Frankfurt (Main); der Mangel an Eisenbahnbrücken über den Rhein und leistungsfähiger Strecken vom Rhein an die französische Grenze.

Die »Kanonenbahn« sollte nun alle diese Mängel heilen. Sie sollte bei einheitlicher staatlicher Verwaltung unter Umgehung größerer Bahnknoten und mit einer eigenen Rheinbrücke an die neue Westgrenze bei Metz führen. Als Ausgangspunkt im Osten bot sich Berlin nicht nur deshalb an, weil die Reichshauptstadt und ihre engere Nachbarschaft auch die größten Truppenstandorte aufwies, sondern weil hier auch die »Ostbahn« zur russischen Grenze ihren Anfang nahm. Die staatliche »Ostbahn« war ebenfalls aus militärischen Gründen ins Leben gerufen worden, dem preußischen Staat schwebte also eine einheitlich betriebene und verwaltete Magistrale zwischen Lothringen und Ostpreußen vor.

Das »Kanonenbahn«-Projekt wurde mehrfach verändert, anstelle eines kompletten Neubaus wurden zum Teil auch bestehende Bahnen vom Staat übernommen und in das Gesamtvorhaben integriert (etwa die Lahntalbahn, die Halle-Kasseler Bahn zwischen Blankenheim und Leinefelde oder die Hauptbahn Leinefelde - Gotha der Thüringischen Eisenbahngesellschaft). Unverändert blieb (zunächst) jedoch die Vorgabe, daß eine höchst leistungsfähige zweigleisige Hauptbahn zu schaffen sei.

Allerdings widersetzte sich die Beschaffenheit der durchquerten Landschaften hier und dort dieser Vorgabe, besonders zwischen Leinefelde und Eschwege. Nicht zuletzt deshalb verzögerte sich die Vollendung der Gesamtstrecke, und als sie endlich 1882 durchgehend

»Erst nimmt man uns Schloß Bischofstein, muß es nun auch die Brücke sein?« - so war es auf einem Schild am Bahnhof Lengenfeld unterm Stein zu lesen. Ja, muß es sein? Wer die 244 m lange und 24 m hohe Brücke - hier am 24.04.1991 mit einer DR-V 100 - näher unter die Lupe nahm, wird nicht umhin können festzustellen, daß die Überbauten vollständig neu gebaut und auch die Pfeiler saniert werden müßten. Ein Kostenvoranschlag sprach von 22 Millionen DM. Einige Jahre wird das Bauwerk noch wenigstens sich selbst tragen können und das romantische Stadtbild bereichern, und dann?

befahrbar war (planmäßige durchgehende Reisezüge hat es jedoch nie gegeben), hatte längst die große Eisenbahnverstaatlichung in Preußen eingesetzt. Die Schaffung einer allein dem Staat unterstehenden Ost-West-Route inmitten der Privatbahnen war damit an sich überflüssig geworden.

Zurück zum Abschnitt Leinefelde - Eschwege, ins thüringisch-hessische Grenzland also. Von Leinefelde bis zum aufwendig konstruierten Trennungsbahnhof Silberhausen Trbf. (etwa 1 km nördlich des »Haupt«-Bahnhofs Silberhausen gelegen) benutzte die Kanonenbahn die Trasse der am 3. Oktober 1870 fertiggestellten Strecke Leinefelde - Mühlhausen - Gotha mit. Bemerkenswert ist, daß bei Leinefelde keine Verbindungskurve zwischen Halle-Kasseler-Bahn und der Gothaer Linie geschaffen wurde: In Leinefelde mußten also alle Züge kopfmachen, was aber angesichts des beschränkten Aktionsradius' der damaligen Lokomotiven kaum ein Hindernis war, denn Langläufe etwa von Berlin über Leinefelde hinaus waren utopisch. Gleichwohl war Leinefelde die einzige Kopfstation der »Kanonenbahn«.

Der Anstieg aus dem Leinetal nach Silberhausen Trbf. war schon recht beachtlich, aber erst danach begann das eigentliche Problemstück der gesamten »Kanonenbahn«. Bis Küllsted stiegt die Trasse auf etwa 400 m über NN an, um dann in großen Schleifen ins Werratal hinabzufallen. Trotz der künstlichen Längengewinnung mußte die angestrebte Maximalneigung von 10 Promille hier teilweise deutlich angehoben werden. Zudem mußte bei Lengenfeld ein großer Viadukt gebaut werden, außerdem zwischen Küllstedt und Schwebda im Werratal sechs Tunnels (davon fünf auf thüringischem Gebiet), darunter der 1530 m lange Küllstedter Tunnel sowie der 1066 m lange Friedatunnel bei Schwebda. Am 15. Mai 1880 ging der Abschnitt Silberhausen Trbf. - Eschwege der »Kanonenbahn« in Betrieb.

Zu dieser Zeit lief die Verstaatlichung der preußischen Privatbahnen bereits auf Hochtouren; das heißt, es wurde eine einheitliche staatliche Verwaltung für (fast) alle wichtigen Eisenbahnverbindungen geschaffen. Obwohl damit also genügend andere Magistralen unter Staatsverwaltung zur Verfügung standen, wurde die

In völliger Waldeinsamkeit gelegen entstand am 01.12.1908 der Haltepunkt Effelder, 20 Monate, nachdem hier mit riesigen Kosten unsinnigerweise das 2. Gleis gelegt worden war. Am 06.10.1993 ist das alles längst Geschichte; die Tafel verheißt 10 km/h Höchstgeschwindigkeit durch den inzwischen zu großen Tunnel, und die zwei Kilometer Weg vom Dorf auf steil ansteigendem Waldweg läuft sowieso kein Mensch mehr ...

Küllstedt war seit Neujahr 1993 der Endpunkt der Kanonenbahn vom Osten her. 204 314 hat am 06.10.1993 den Personenzug aus Leinefelde gebracht und setzt nun auf dem Streckengleis nach Geismar um. Selbst eine kleine Wegbrücke wurde sehr aufwendig aus behauenen Natursteinen gebaut. Fürs Militär war halt auch damals nur das Beste gut genug.

Nur noch bis ins deutsche Perl direkt hinter der Grenze fährt am 25.05.1994 der französische Dieseltriebwagen XR 8429/X 4449. Diese Wagen der Reihen 4300 bis 4900 erfüllen in Frankreich eine ähnliche Funktion wie bei uns die Spielarten der Baureihe 628.

Strecke Anfang 1906/07 auch zwischen Küllstedt und Schwebda mit dem zweiten Gleis ausgestattet. Da es keinen »zivilen« Durchgangsverkehr gab, müssen hierfür wohl militärstrategische Gründe ausschlaggebend gewesen sein. Der Ausbau kam den Staat teuer zu stehen, denn sämtliche Tunnels mußten überarbeitet werden. Zwar waren auch sie – wie die gesamte Trasse – von Anfang an für zwei Gleise ausgelegt worden, aber ihr zum Teil sehr schlechter Bauzustand machte Sanierungsarbeiten unumgänglich. Nur der Abschnitt Dingelstädt - Küllstedt ist wohl nie zweigleisig ausgebaut worden.

Nach dem Ersten Weltkrieg – hier im Eichsfeld fuhren auch zu dieser Zeit nur einige wenige Militärzüge über die strategische Bahn – mußte gemäß Versailler Vertrag das zweite Gleis schon wieder demontiert werden, zudem führte die auf höchste Sparsamkeit bedachte Reichsbahn 1921 hier den Nebenbahnbetrieb ein. So konnte an einigen Bahnübergängen Personal eingespart werden. Tempo 40 für Personenzüge war ja auch auf einer nur noch dem Lokalverkehr dienenden Strecke durchaus üblich.

Der nächste Schlag traf die »Kanonenbahn« am 2. April 1945. Vor den heranrückenden US-Truppen sprengten deutsche Verbände die Frieda-Brücke in unmittelbarer Nähe der späteren Demarkationslinie östlich des Bahnhofs Schwebda. Die Teilung Deutschlands machte die Teilung der Strecke zum Dauerzustand. Auf westlicher Seite war überhaupt kein Betrieb mehr möglich oder sinnvoll, auf östlicher wurde der Betrieb bis zum Bahnhof Geismar (3 km östlich der Grenze) zurückgenommen. Bis zum **31. Dezember 1992** wurde Geismar noch bedient, dann nahm die Deutsche Reichsbahn das 17 km lange Teilstück Küllstedt - Geismar aus dem Angebot, weil der Lengenfelder Viadukt, der schon seit Jahren nur noch im Schrittempo befahren werden konnte, gesperrt werden mußte. Zum **28. Mai 1994** schließlich wurde auch zwischen Küllstedt und Dingelstädt der überaus magere Verkehr eingestellt. Und auch das Reststück Dingelstädt - Silberhausen Trbf. wird uns im nächsten Band der Reihe »Abschied von der Schiene« zu beschäftigen haben. Dingelstädts »Hauptbahnhof« dürfte künftig der des Ortsteils Silberhausen sein, viel ungünstiger zum Zentrum von Dingelstädt als die hoch

Nach dem holländischen (Strecke 477) und manchem DB- und DR-Bahnübergang wollen wir nun auch die französische Variante vorstellen. Ganz rechts steht bereits auf deutschem Gebiet der erste Oberleitungs-Gittermast, die Franzosen bevorzugen Masten aus Doppel-T-Profilen. Nicht immer ging es an dieser Grenze so beschaulich und friedlich zu wie hier am 25.05.1994.

Apach mit seinem großen Rangierbahnhof ist die erste französische Station der »Kanonenbahn«, die nun der Zusammenarbeit mit Frankreich statt einem möglichen Krieg gegen den »Erzfeind« dient. Eine Form dieser Zusammenarbeit führt am 25.05.1994 zu einer gewissen Nervösität der Beamten angesichts des Fotografen: Direkt hinter dem Triebwagen aus Perl ist ein Atomtransport aus Deutschland zur französischen Wiederaufbereitungsanlage eingelaufen. Ein solcher Transport ist hier sogar Anfang 1997 entgleist.

Monsieur le controleur hat am 25.05.1994 soeben in Apach das Abfahrtsignal gegeben und wartet nun im Laderaum seines X 4449 auf das Aufbrummen des 400 -PS-Dieselmotors (siehe auch Farbteil Seite 123).

über dem Ort befindliche Station der »Kanonenbahn« liegt der nämlich auch nicht.

Nun ein Sprung an die deutsch-französische Grenze. Anders als das Eichsfeld-Teilstück hat sich bekanntlich der Abschnitt Koblenz - Metz der »Kanonenbahn«, die berühmte Moselstrecke also, sofort zu einer bedeutenden Fernverkehrsroute gemausert. Da es sich hier um eine der bekanntesten Routen Deutschlands handelt, können wir uns auf den Abschnitt Trier - Thionville (=Diedenhofen; Eröffnung des Abschnitts Ehrang - Reichsgrenze 15. Mai 1878) beschränken. Neben dieser zweigleisigen Hauptbahn existiert zwischen Trier und Metz bekanntlich auch noch die Strecke über Luxembourg, auf der inzwischen der gesamte grenzüberschreitende Personenverkehr abgewickelt wird; die alte »Kanonenbahn« trägt dafür im wesentlichen den Güterverkehr. Diese Teilung der Aufgaben klammerte bis 1991 ein freitags bzw. sonntags verkehrendes D-Zug-Paar aus (es fuhr zwischen Paris Ost bzw. Metz und Trier und war – was sonst? – vorrangig für französische Soldaten in der Bundesrepublik gedacht), außerdem einige Regionalverkehrszüge, die zwischen Trier und dem SNCF-Übergangsbahnhof Apach pendelten. Hinzu kam noch ein französischer Dieseltriebwagenumlauf zwischen Metz und Trier (mit dem Dieselfahrzeug ersparte man sich den Lokwechsel bzw. den Einsatz einer der raren Mehrsystem-Elloks). Am 26. September 1993 wurde der durchgehende Verkehr nach Trier eingestellt, beibehalten wurden lediglich ein SNCF-Zugpaar, das über Apach hinaus bis Perl verkehrte. Am **28. Mai 1994** fuhr es zum letzten Mal. Wie gering auch der »innerdeutsche« Verkehr hier auf der Moselstrecke ist, wird anhand der Tatsache deutlich, daß die Verbindung Trier - Perl als eine der ersten überhaupt für die neuen Doppelstock-Schienenbusse »ausgeguckt« wurde.

605 Gerstungen - Förtha (Kr Eisenach) 13 km

Über deutsch-deutsche Grenzfälle und deren zumeist unerfreuliche Auswirkungen auf den Eisenbahnverkehr gab es in diesem Buch bereits viel zu berichten. Was nun kommt, stellt jedoch alles ansonsten vorzutragende sehr kraß in den Schatten. Es geht um die DDR-Neubaustrecke vom Bahnhof Gerstungen zur Abzweigstelle Förtha an der Werrabahn Coburg - Eisenach, die am **26. September 1992** wieder aus dem Bestand der planmäßig benutzten Reisezugstrecken gestrichen und ein Jahr darauf endgültig stillgelegt wurde. Sie war ganz einfach überflüssig geworden. Und zwar deshalb, weil ihre Vorgängerin nach der Aufhebung der Teilung Deutschlands wieder in das real existierende Streckennetz eingereiht werden konnte.

Bei dieser Vorgängerin handelt es sich um den am 25. September 1849 von der Thüringischen Eisenbahn-Gesellschaft eröffneten Abschnitt Eisenach - Gerstungen der Ost-West-Magistrale Berlin - Erfurt - Frankfurt/Kassel. Mehrfach schneidet diese Strecke im Raum Gerstungen die Grenze zwischen Hessen und Thüringen. Das war schon zur Zeit ihrer Erbauung angesichts der deutschen Kleinstaaterei ein, allerdings lösbares, Problem. Offenbar unerträglich wurde es jedoch nach dem Zweiten Weltkrieg. Die alte Ländergrenze entsprach nun der Demarkationslinie zwischen sowjetischer und amerikanischer Besatzungszone, ab 1949/50 zwischen DDR und Bundesrepublik. Den auf Abschottung bedachten DDR-Gewaltigen war ganz besonders die Tatsache ein Dorn im Auge, daß zwischen Gerstungen und Eisenach ein sieben km langes Teilstück sogar mit zwei Stationen (Wommen und Herleshausen) auf Westgebiet verblieben war. Schon 1952 stellte man deshalb den Nahverkehr Eisenach - Gerstungen auf Busse um, denn die Busse konnten die beiden hessischen Dörfer umfahren. Der Fernverkehr rollte jedoch – möglichst ohne Halt natürlich – weiterhin über die alte Magistrale durch das Werratal.

Auf dem zweigleisigen Bahnkörper der Werrabahn diente das Nord-Süd-Richtungsgleis nach 1963 der neuen Verbindungsbahn nach Gerstungen. Am Kilometer 0,9 dieser Strecke hat am 09.05.1991 216 190 einen Güterzug nach Bebra am Haken.

Liest man zeitgenössische Bauberichte der Strecke, dann fanden hier heroische Produktionsschlachten (»Jeder Genosse an die Spitze des Kampfes um tägliche Übererfüllung des Planes«), Sabotageakte feindlicher Geheimdienste (»Krumme Nägel als Reifentöter«, »Abwerbung ..., der 33 Personen zum Opfer fielen«) und »wahre Heldentaten« (wie die der Baggerführer Krausche, Besoge und Zander) statt. Am 09.05.1991 kämpft hier nur noch die 132 056 mit ihrem 12-Wagen-Zug die Steigung nach Dietrichsberg bergan; heute hat hier bereits die Natur endgültig über die Bahnanlagen gesiegt.

Spätestens nach dem Bau der Mauer und angesichts der immer schärferen Absicherung der Grenze war das natürlich für das SED-Regime nicht länger hinnehmbar. Also baute man unter enormem Aufwand eine neue und sehr steigungsreiche eingleisige Verbindungsstrecke vom Bahnhof Gerstungen in Richtung Förtha zur Werrabahn, über die am 13. April 1962 ein erster Personenzug rollen konnte; der reguläre Personenzugdienst Eisenach - Förtha - Gerstungen setzte am 30. April 1962 ein. Ab Winterfahrplan 1963/64 wurden auch die sogenannten Interzonenzüge über diese Linie geleitet, da nun in Gerstungen (zuvor in Wartha) auch die Grenzkontrollen der östlichen Seite vorgenommen werden konnten (im Westen geschah das immer in Bebra). Auf der alten, erheblich günstiger trassierten Strecke, die östlich von Gerstungen auch auf hessischem Gebiet von der DDR-Reichsbahn betrieben wurde, rollte bis 1978 nur noch ein Güterzugpaar, außerdem gelegentlich Unkrautspritz- und Arbeitszüge. Der Unfall eines dieser Arbeitszüge am 13. Juli 1978 bot den Anlaß, zum 1. August 1978 auch das letzte Güterzugpaar zu streichen, die Reichsbahn entließ nun das Gros ihrer in Wommen und Herleshausen noch beschäftigten West-Mitarbeiter. Aber es dauerte noch zehn Jahre, bis zum 1. Juli 1988, ehe die Reichsbahn sich auch offiziell von ihrer einzigen Weststrecke trennte. Die 7,2 km gingen an die Bundesbahn, die ihrerseits ankündigte, die verrostete und nicht mehr benötigte Strecke verkaufen zu wollen.

Gottlob (und wie zu erwarten) fand sich kein rasch entschlossener Käufer. Denn als 16 Monate später der Eiserne Vorhang zerfiel, war sofort klar, daß die alte Magistrale durchs Werratal schnellstmöglich wieder reaktiviert werden mußte. Der absehbare Aufschwung des Ost-West-Verkehrs war auf Dauer unmöglich über die eingleisige Strecke über den Dietrichsberg (am gleichnamigen Block gab es auch die einzige Ausweichstelle) zu leiten. In der Tat rückten sehr bald die Bautrupps an, im Frühjahr 1991 konnte die alte Strecke bereits wieder benutzt werden (zunächst nur eingleisig), und zum 26. September 1992 wurden auch die letzten Reisezüge wieder über ihren alten, natürlichen Weg geschickt. Ein Jahr später wurde durch den Ausbau eines Gleisstücks im Bahnhof Gerstungen die de-facto-Stillegung der Strecke über den Dietrichsberg vollzogen, anschließend begann der Abbau.

Eine sehr einsame Dienststelle in der Nähe des Grenzgebietes war der Posten B1 an der Kreuzungsstelle Dietrichsberg. Am 09.05.1991 hält hier noch ein Reichsbahner in der alten Uniform die Stellung.

607 Bufleben - Friedrichswerth (Thür) 13 km

Daß eine Eisenbahnverbindung gleich zweimal im Laufe ihres »Lebens« aufgebaut und auch wieder stillgelegt wird, gehört unbedingt in die Kategorie »Raritäten und Kuriositäten« der Eisenbahngeschichte. Hier nun folgt ein solcher Fall.

Es geht um die Nebenbahn Bufleben - Großenbehringen im früheren Herzogtum Sachsen-Coburg-Gotha, die am 1. Mai 1890 von den Preußischen Staatseisenbahnen in Betrieb genommen wurde. Das war insofern nicht weiter erstaunlich, als die Preußischen Staatseisenbahnen 1882 die Thüringische Eisenbahn-Gesellschaft (siehe KBS 605) übernommen und dabei dem kleinen Herzogtum zugesichert hatten, auch für die weitere Verkehrserschließung des Landes rund um Gotha Sorge zu tragen. Und so nahm die 17,2 km lange Strecke denn auch eine recht unspektakuläre Entwicklung als eine unter vielen preußischen Nebenbahnen, auch wenn sie gar nicht in Preußen lag.

Auch ihr Ende schien ein zeittypisches zu werden. Am 15. September 1947 wurde der Zugverkehr eingestellt, die Gleise mußten demontiert und in die Sowjetunion abtransportiert werden. Damit schien die Sache erledigt zu sein. Doch weit gefehlt! Bereits ab 1953 wurde die Nebenbahn von Bufleben (das liegt übrigens an der Hauptbahn Gotha - Leinefelde) bis zum 13 km entfernten Friedrichswerth wieder aufgebaut und am 10. Oktober 1954 in Betrieb genommen. Von Friedrichswerth wurde mit Hilfe einer Feldbahn ein ganz neues Gleis zum sowjetischen Truppenübungsplatz auf dem Kindel gelegt, auf dem aus naheliegenden Gründen allerdings kein öffentlicher Personenverkehr stattfand; der endete fortan in Friedrichswerth. Gleichwohl war natürlich das militärische Übungsgelände der eigentliche Anlaß zur Rekonstruktion der Strecke gewesen.

Die Zeit des russischen Truppenübungsplatzes ist vorüber. Vorüber ist allerdings auch der Verkehr auf der schließlich unter der Kursbuchnummer 607 geführten Nebenbahn. Ganze zweieinhalb planmäßige Zugpaare waren zuletzt übriggeblieben. Der letzte Schienenbus (LVT) fuhr am **26. Mai 1995** um 17.37 Uhr von Friedrichswerth über Bufleben nach Gotha – hier hieß es um 18.21 Uhr: »Endstation«.

Ordnung muß sein! Kommt man im Winter im Bahnhof Wangenheim an dieses Schild, dann hat man das gefährlichste Stück bereits hinter sich. Nun kann man aber darüber sinnieren, welche juristischen Folgen und Verwicklungen mit diesem Hinweis verhindert werden sollen, zumal sich der genaue Eigentümer hinter einer ziemlich pauschalen Bezeichnung versteckt. Übrigens hat man in Wangenheim alle Fenster und Türen des Gebäudes auf diese Weise zugemauert.

Friedrichswerth war nach dem Zweiten Weltkrieg der Endpunkt im Personenverkehr aus Bufleben. Der frühere Zwischenbahnhof hat einen Bahnhofsgebäudetyp, wie er ähnlich auch in Wangenheim (s. o.), Brüheim-Sonneborn und Goldbach existiert. Kurz vor der Stillegung wurde dem Bahnhof auch noch ein neues DB-Logo spendiert! Alle Aufnahmen vom 10.05.1995 (siehe auch Farbteil Seite 124).

614 Bad Hersfeld - Werk Hattorf 29 km

»Der Fahrplan wird auf Wunsch des Betreibers nicht mehr in den Kursbüchern der Deutschen Bundesbahn veröffentlicht.« Ein Hinweis wie dieser für den Jahresfahrplan 92/93, abgedruckt unter der Streckennummer 614, ist ein weiteres Prachtstück aus jener Spezies prosaischer Delikatessen, wie sie immer mal wieder in Kursbüchern auftauchen. Im nächsten Kursbuch war die 614 tatsächlich verschwunden, aber die auch weiterhin für die Öffentlichkeit zugelassenen Züge der Hersfelder Eisenbahn (zuletzt ein werktägliches Schienenbuspaar) fuhren ihren Turnus von Schenklengsfeld zum Werk Hattorf und von dort zurück bis Bad Hersfeld trotzdem – bis zum **30. Dezember 1993**. Am Tag darauf fand lediglich noch eine Abschiedsfahrt für das Bahnpersonal statt.

Auch der Güterverkehr der Hersfelder Eisenbahn-Gesellschaft wurde mit Ablauf des Jahres 1993 eingestellt. Und ohne Güterverkehr war das nordhessische Transportunternehmen auf der Schiene nicht mehr lebensfähig. Das »Aus« war praktisch schon mit dem Fall der innerdeutschen Grenze 1989 programmiert worden. Nun konnten nämlich die Ganzzüge mit dem im Raum Heimboldshausen geförderten Kali wieder den alten Weg über die DB- bzw. DR-eigene Strecke von Heimboldshausen nach Gerstungen nehmen, der seit Ende des Zweiten Weltkrieges immer wieder von der Reichsbahn »dichtgemacht« worden war. Dann mußte stets die Hersfelder Kreisbahn einspringen. Aus der anfänglichen Nothilfe wurde bald ein einträgliches und dauerhaftes Geschäft. Das also ist nun vorbei.

Ausgeholfen hatte die am 26. September 1912 eröffnete Hersfelder Kreisbahn (so ihr alter Name; Eigentümer: Kreis Hersfeld-Rotenburg mit zwei Dritteln der Anteile sowie das Land Hessen) auch schon im Personenverkehr, als sie das zur Strecke Gerstungen - Heimboldshausen - Vacha gehörende Stück Heimboldshausen - Philippsthal mitbediente. Das ist schon seit Mai 1981 Geschichte (siehe »Abschied von der Schiene I, 1980-1985«).

Vorerst offen ist, was mit der Strecke geschehen soll. Einen Beschluß zum Abbau gibt es bislang nicht. Und vielleicht wird die Hersfelder Bahn ja irgendwann wieder als Retter in irgendeiner Not aushelfen müssen.

Wir beginnen unsere Reise auf der Hersfelder Eisenbahn an einem kleinen Bahnübergang bei Lampertsfeld. In Deutschland einzigartig war die dreiteilige Uerdingen-Garnitur mit Übergängen zwischen den einzelnen Wagen nach dem Vorbild der an die Spanischen Staatsbahnen gelieferten Schienenbusse. Mit VS 55 an der Spitze (dann VM 56 und VT 54) ist der Zug hier im Rahmen einer Sonderfahrt am 03.04.1993 unterwegs.

Zwar ist hier nur ein halbwegs normaler Schienenbus, der VT 50 der HEG unterwegs, dafür aber ist die Diesellok 30 des kreuzenden Güterzugs schon etwas besonderes: 1962 von Henschel als stärkste deutsche Diesellok gebaut, fuhr sie als Mietlok bei der DB schwere Schnellzüge auf der Allgäubahn. HEG und später Teutoburger-Wald-Eisenbahn waren die nächsten Stationen. Heute kann sie täglich im norditalienischen Bahnhof Pordenone bewundert werden. VT 50 dagegen hat es ins Münsterland zu den Eisenbahnfreunden Darfeld verschlagen. Am 28.04.1986 war Schenklengsfeld noch der Betriebsmittelpunkt der HEG.

Wehrshausen war einer der vielen kleinen Haltepunkte der HEG, bei denen nur zu oft niemand ein- oder ausstieg. Am 28.04.1986 war das anders: Ein Fahrgast hat den VT 50 verlassen und stapft nun ins einen Kilometer entfernte Dorf. Vom Grundtyp entspricht der VT 50 der HEG dem VT 98 der DB, er hat allerdings nur eine Maschinenanlage und eine andere Fensterbauart (siehe auch Farbteil Seite 124, sowie Seite 129).

Strecke 548: Auch nach Ende des Reisezugverkehrs wird hier der Güterverkehr vorläufig weitergeführt werden. Am 09.05.1994 wird der Bahnübergang bei Göttengrün-Gefell aber noch von vier Personenzügen gequert und zusätzlich von der Übergabe 69534, bestehend aus 201 875 und einem Güterwagen.

Strecke 592: Als 1923 die Bahn endlich Stolberg erreichte, hatten die Fürsten in Deutschland gerade wenige Jahre zuvor abgedankt; der Kaiser saß sogar in Holland im Exil. Natürlich hatte sich auch die Bauauffassung gründlich geändert, und so erhielt Stolberg einen typischen Zweckbau der zwanziger Jahre. Typisch für die DDR dagegen waren die groben Betonplatten als Bodenbelag für den Bahnsteig. Aufnahme vom 07.10.1995.

Strecke 602: Das romantische Eifelstädtchen Monreal bietet neben Löwenburg und Phillipsburg eine Vielzahl attraktiver Motive, zumal wenn eine Dampflokomotive auf der Strecke unterwegs ist: 94 1292 am 06.10.1994.

Strecke 602: Bei Pelm windet sich die Eifelquerbahn aus dem Kylltal hinauf in die Vulkaneifel. Eine dreiteilige Schienenbus-Garnitur ermöglicht am 05.09.1988 den Reisenden imposante Ausblicke auf die typischen Eifelberge, die teilweise noch im Nebel liegen.

Strecke 602: Kaum zu vergleichen mit der anderen Strecke 602 ist die Linie von Erfurt Nord nach Erfurt Berliner Straße. Am 22.02.1995 ist 614 025 aus Schweinfurt über Erfurt Hbf am Endpunkt angekommen. Wellblech und Plattenbauten kontrastieren mit dem noch in Rot lackierten Triebwagen.

Strecke 603: Herbst über der Kanonenbahn. Im letzten Abendlicht des 06.10.1993 wartet 204 314 noch ein paar Minuten in Küllstedt, um dann ohne Fahrgäste in Richtung Kefferhausen, Dingelstädt, Birkungen und Leinefelde loszubrummen.

Strecke 607: Am Haltepunkt Warza hat 771 057 einen kurzen Stop eingelegt. Ein paar holprig verlegte Betonplatten bilden hier die wesentliche »Infrastruktur«. Aufnahme vom 10. 05. 1995.

Strecke 614: Solch ein urtümliches Wellblech-Bahnhofsgebäude stand am 12.05.1981 noch am Haltepunkt Schenksolz. Leider ist es vor der Stillegung der Bahn noch durch eine einfache Holzhütte ersetzt worden. Der Zug, der damals noch nach Philippsthal fuhr, war sogar recht gut besetzt.

Strecle 618: Zwei Brücken im Kinzigtal und einige Bahndämme verteuerten den ansonsten recht anspruchslosen Bahnbau in vertretbaren Maßen. Diesmal ist VL 12 (gleichartige VL 11 und VL 13 gab es auch noch) auf der Strecke unterwegs. Der einzigartige Wendezug mit Steuerwagen wurde 1958 von der Firma Credé in Kassel geliefert (Aufnahme vom 13.03.1978).

Strecke 624: Zwischen Raps und viel Grün wäre die Bahnlinie kaum zu erkennen, würde nicht der 928 438 für einige Sekunden die Funktion des kleinen Dammes bei Niederwalgern verraten. Am 15.05.1995 sind es nur noch wenige Tage, bis die Natur damit beginnen kann, den ihr vor 100 Jahren abgenommenen Lebensraum zurückzuerobern.

Strecke 768: Zwischen Bingen und Hanfertal ist am 06.08.1991 der MAN-Schienenbus VT 5 der Hohenzollerischen Landesbahn unterwegs. Die für das nahe Donautal typischen hellen Felsen hat hier die Lauchert freigelegt, die der Triebwagen in wenigen Sekunden überqueren wird.

Strecke 782: In Neuenstadt residierte die örtliche Betriebsleitung der Kochertalbahn. Vielleicht waren deshalb das Bahnhofsgebäude und die Bahnanlagen auch kurz vor der Stillegung noch so gepflegt. Während der Bahnhof im Tal der Kocher lag, mußte man zum Ort hinaufsteigen (Aufnahme vom 20.11.1992).

Strecke 812: Auch das Bahnhofsgebäude von Hofheim befindet sich in einem gepflegten Zustand und kann hoffentlich noch langfristig dem dortigen Eisenbahn-Museum dienen. Am 30.06.1995 befindet sich der Regelbetrieb mit 996 751 und 796 724 (links) zahlenmäßig schon eindeutig in der Minderheit gegenüber den Museumsfahrzeugen. Nur noch wenige Uerdingen-Schienenbusse haben übrigens das neue Logo der DB AG erhalten.

Strecke 858: Bei Floß hat sich am 19.09.1980 die Diesellok 211 201 mit zwei Umbau-Vierachsern auf den Weg nach Weiden gemacht. Die Äpfel setzen erste Röte an.

Strecke 866: Zwischen Gotteszell und Teisnach nutzt die Regentalbahn das Tal der Teisnach. Wie bei vielen Bahnen in diesem Buch erfordert auch hier die kleine Brücke eines Sägmühlen-Kanals bei Patersdorf eine Langsamfahrstelle, die VT 05 an der E-Tafel gerade hinter sich hat. Die ehemaligen »Esslinger« der Bentheimer Eisenbahn sind an den schmalen Mittelfenstern der Stirnseiten zu erkennen. Es waren die einzigen Wagen, die hier einmal Übergangstüren besaßen.

Strecke 866: Bei Böbrach findet sich der einzige Tunnel der Regentalbahn, der eine Felsnase im Schwarzen Regen umgeht. Er hat der Bahn durch seinen starken Wasserzufluß immer Sorgen bereitet. Der hier am 13.03.1990 aufgenommene VT 13 ist wahrscheinlich als Kriegsbeute nach Deutschland gekommen: Er gehörte vor dem Zweiten Weltkrieg der damals noch und inzwischen wieder selbständigen Litauischen Staatsbahn.

Der Bahnhof Heimboldshausen - hier am 28.04.1986 - gehört zur alten Staatsbahnstrecke Gerstungen - Vacha - Bad Salzungen, die nach 1945 von Westen her keinen Anschluß mehr an das DB-Netz hatte. Die HEG bediente deshalb u. a. den Personenverkehr des DB-Bahnhofs Heimboldshausen mit, der dort seinerseits schon sechs Jahre vor der Eröffnung der Kleinbahn nach Hersfeld aufgenommen worden war. Rechts am Bildrand sind Kaliwaggons erkennbar, und die bringen in Heimboldshausen nach wie vor das Geld!

Direkt vor dem Kalischacht in Hattorf mit seinem markanten Vollwand-Doppelbock »parkte« der VT 50 der HEG und wartete auf die Arbeitermassen, die sich aber am 28.04.1986 und auch sonst nicht recht einfinden mochten. Gleise und Bahnhof des Streckenendpunkts gehörten der Werkbahn des Bergwerks, die parallel zur Strecke Heimboldshausen - Philippsthal der DB verlief. Mit Werkbahn, DB und HEG befuhr man auf dem kurzen Stück bis zum ersten HEG-Haltepunkt Röhrigshof also gleich drei Bahnbetriebe, wobei man in Heimholdshausen auch noch die Fahrtrichtung wechselte (siehe auch Farbteil Seite 124).

618 Wächtersbach - Bad Orb 6 km

Das »Aus« kam nach einem Richterspruch: für einen Unfall an einem unbeschrankten, aber blinklichtgesicherten Bahnübergang, bei dem 1991 ein Kind schwer verletzt worden war, wurde der Bad Orber Kleinbahn die alleinige Schuld zugewiesen. Daraus konnte die Bahn nur zwei Konsequenzen ziehen: entweder sofortige »Entschärfung« aller vermeintlich oder tatsächlich gefährlichen Bahnübergänge (welcher der vielen tausend unbeschrankten Bahnübergänge in Deutschland ist eigentlich »sicher«?), oder sofortige Einstellung des Betriebs und Ersatz der Zugfahrten durch Busse. Die Kreiswerke Gelnhausen, die seit 1937 den Betrieb der am 23. Mai 1901 eröffneten Bad Orber Kleinbahn führten, entschieden sich für die zweitgenannte Möglichkeit. Am **4. März 1995** fuhr der letzte Zug zwischen Wächtersbach (an der Magistrale Fulda - Frankfurt/M.) und dem 6,5 km entfernten Spessart-Kurort Bad Orb.

Überraschend an der Umstellung waren allerdings nur Zeitpunkt und Ursache, nicht die Tatsache als solche. Denn schon seit geraumer Zeit war der 31. Dezember 1995 als Stillegungsdatum gehandelt worden. Zu diesem Zeitpunkt nämlich lief der Vertrag über den Bahnbetrieb zwischen den Kreiswerken Gelnhausen und der Stadt Bad Orb aus, in dem auch die Deckung des – leider üblichen – Betriebskostendefizits geregelt war. Und da weder das Heilbad noch irgendein anderer Betreiber sich bis dato bereiterklärt hatte, die zuletzt sich auf etwa 1 Mio. Mark jährlich belaufende Summe zuzuschießen, war das eingangs erwähnte Gerichtsurteil vielleicht auch ein nicht unwillkommener Anlaß, schon ein paar Monate früher Schluß zu machen.

Kurios: Bereits im Dezember 1991 waren nach dem Unfall die Reisezüge durch Busse ersetzt worden, dann ließ man sich reichlich Zeit, um den Bahnübergang mit einer Schrankenanlage zu versehen. Als dies endlich geschehen war, wurde am 1. Februar 1993 der Zugverkehr wieder aufgenommen. Immerhin hatte man die lange Zwangspause dazu genutzt, die drei Loks und den aus zwei Wagen bestehenden Wendezug in frischem Dunkelrot erstrahlen zu lassen. Und noch ein Kuriosum: Genau elf Jahre zuvor, am 1. Januar 1982, war ebenfalls nach einer mehrmonatigen Unterbrechung der Betrieb wieder aufgenommen worden; Anlaß für die Einstellung

Am Staatsbahnanschluß in Wächtersbach besitzen die Gelnhäuser Kreisbahnen einen eigenen Bahnsteig für die Strecke nach Bad Orb. Am 03.05.1981 ist VL 11 - eine 1959 gebaute 240 PS-Maschine der MaK - arbeitslos, da noch bis zum 01.01.1982 an der Eisenbahnbrücke über die neue Autobahn gebaut werden wird.

Im Februar 1990 rollt der Verkehr und auch VL 11 längst wieder oder besser gesagt noch. Nach der Schneeschmelze hat die Kinzig die Landschaft im Hintergrund in eine Seenplatte verwandelt.

In den zwei Wagen der Wendezuggarnitur hatte man 1958 alles untergebracht, was man als moderne Kleinbahn so brauchte: Abteile 1. (!) und 2. Klasse, Packabteil, natürlich Toiletten und als Besonderheit einen Führerstand. Einen Blick in das rotplüschene 1.-Klasse-Abteil des »AB 4ü Nr. 20 P« gestattet diese Aufnahme vom 21.12.1990. Dunkle Wandfurniere aus echtem Holz, Klapptischchen und Bilder aus dem Badeleben des Kurortes lassen auch nach 32-jährigem Einsatz noch einen Hauch von Eleganz entstehen (siehe auch Farbteil Seite 125).

war damals der Bau der Autobahn Hanau - Fulda gewesen.

Daß es noch eine dritte »Renaissance« geben wird, kann im Zeichen der Bahn-Regionalisierung natürlich nicht völlig ausgeschlossen werden. Aber: Güterverkehr, der zusätzlich Geld in die Kassen lenken könnte, hat die bescheidene Bahn seit langem nicht mehr vorzuweisen, und so wird vermutlich schon bald lediglich das recht üppige Stationsgebäude von Bad Orb (1926 eingeweiht) darauf hinweisen, daß es auch in diesem Winkel Deutschlands einst bessere Kleinbahn-Zeiten gegeben hat.

621 Korbach - Bergheim-Giflitz 34 km

»Korbach - oder das Auf und Ab eines nordhessischen Nebenbahnknotens«. So ließe sich dieses Kapitel treffend überschreiben. Denn: bis einschließlich **27. Mai 1995** konnte man von Korbach mit der Bahn über Willingen in Richtung Brilon Wald sowie über Bad Wildungen und Wabern in Richtung Kassel fahren. Die Verbindung Korbach - Bad Wildungen (eröffnet zwischen Korbach und Waldeck am 1. Juni 1912, von Waldeck bis Buhlen am 1. Mai 1911 und von Buhlen bis Wega, das liegt an der Strecke Bad Wildungen - Wabern, am 1. Februar 1909) wurde zum Jahresfahrplan 1995/96 eingestellt, für die alte Kreisstadt blieb damit die wohl unwichtigste Linie übrig. Aber die Zukunft soll's richten: Mit Wiederinbetriebnahme der zum Fahrplanwechsel 1987 stillgelegten Strecke (Frankenberg -) Korbach - Volkmarsen (siehe »Abschied von der Schiene« Band II) soll Korbach 1997, spätestens aber 1998 endlich wieder eine akzeptable Verbindung an das Oberzentrum Kassel erhalten. Sozusagen im Gegenzug soll dann allerdings auch zwischen Korbach und Willingen der Schienenverkehr eingestellt werden. Korbach, bis 1987 ein Nebenbahnkreuz, wäre damit wieder – und vermutlich endgültig – auf »Sackbahnhof-Status« zurückgefallen.

Der Niedergang der Verbindung Brilon Wald - Willingen - Korbach - Bad Wildungen läßt sich an mehreren Punkten festmachen. Der wichtigste ist, wie in so vielen Fällen, die Abwanderung der Fahrgäste auf die Straße. Wo inzwischen ein so gutes Asphaltnetz geknüpft worden ist, daß selbst der Bus genau so schnell ist wie die hier eingesetzten VT 628, dort ist das Auto letztlich unschlagbar; das gilt natürlich ganz besonders im dünnbesiedelten ländlichen Raum. In keinem rechten Verhältnis zum Verkehrsaufkommen stand schließlich auch der hohe Unterhaltungsaufwand, wobei die zum Teil recht imposanten Brücken an erster Stelle zu nennen sind. Bliebe noch zu erwähnen, daß außer dem Regionalverkehr es zuletzt keine anderen Interessenten mehr gab. Der Güterverkehr spielte schon lange keine Rolle mehr, und das letzte Fernzugpaar war bereits mit Beginn des Fahrplanjahres 1991/92 aufgegeben worden; hierbei

Wie an vielen Landbahnhöfen nutzte auch in Bergheim-Giflitz der genossenschaftliche Landhandel den Anschluß an die Welt für teilweise recht beachtliche Lagerhäuser. Ob bei Raiffeisen (hier »Raiffeisen Kurhessen-Thüringen«) oder in Bayern bei der »BayWa«, hier konnte der Landwirt vom Kunstdünger über Saatgetreide bis hin zu Nägeln alles für seinen Bedarf erhalten. Am 16.05.1995 fährt 928 323 auf dem Weg nach Brilon Wald die Senke zur Ederbrücke hinab.

Derselbe Zug wie im vorigen Bild (N 8790) hat den Viadukt bei Netze erreicht. Diese Brücke und der große Viadukt bei Buhlen waren die großen Sorgenkinder der Bahn auf dem Abschnitt Wega - Korbach. Mit der Stillegung waren die Sorgen vorbei, vorerst jedenfalls.

Die meisten Stationen der Strecke besaßen imposante Bahnhofsgebäude, so wie hier in Sachsenhausen. Kurz vor dem Ende des Personenverkehrs kamen auch noch die brandneuen 628.4/928.4 zum Einsatz, die zusammen mit dem durchaus noch akzeptablen Oberbau für viel Fahrkomfort sorgten. Am 27.04.1995 ist 628/928 673 zwischen Brilon Wald und Bad Wildungen auf Achse.

handelte es sich um den schon geradezu legendären D 2328/2329 Amsterdam - Hagen - Brilon Wald - Korbach - Bad Wildungen. Dieser Zug gibt uns auch einen Hinweis auf die landschaftliche Schönheit der Region, denn noch heute werden gerade von Niederländern Sauerland und Hessisches Bergland hoch geschätzt.

Bliebe als Trost lediglich der Hinweis, daß auch nach 1996 zumindest das Teilstück Brilon Wald - Willingen noch erhalten bleiben soll. Der aufstrebende Kur- und Wintersportort Willingen, der für seine zahlreichen Freunde aus dem Westen über Brilon Wald auch sehr gut zu erreichen ist, mag auf die Bahn nicht verzichten. Und dann ist da ja auch noch der Ausflugsverkehr von Bad Wildungen zum Edersee an Sonn- und Feiertagen im Sommer (im Kursbuch 1996 unter der Nummer 621 a zu finden), der bis Bergheim-Giflitz die alten Korbacher Gleise mitbenutzt und vielen Widrigkeiten zum Trotz auch in den nächsten Jahren stattfinden soll.

Zur Erinnerung an die Schienenbuszeit fuhr am 12.03.1994 noch einmal der 796 761 auf der Strecke. Die im »Rentenalter« noch auf Einmannbetrieb umgerüsteten Fahrzeuge sind nach rund 35 Jahren Einsatz nun aber auch wirklich am Ende ihrer Karriere. Auch für die mehr als doppelt so alte Brücke bei Höringhausen trifft das zu: Sichtbar bröselt der Beton.

Korbach Süd haben wir schon im Band 2 unserer Buchreihe kennengelernt, als das linke Gleis 1 im Zuge der Strecke Korbach - Frankenberg stillgelegt wurde. Am 27.05.1995 folgte nun das rechte Gleis 2 nach, das im Zuge der 1912 entstandenen Strecke (Wabern -)Waldeck - Korbach entstanden war. Genau einen Monat zuvor macht hier der taufrische 628 673 Station.

624 Hartenrod - Niederwalgern 19 km

Um die Stillegung kaum einer Nebenstrecke hat es in den letzten Jahren einen solchen Medien-Rummel gegeben wie um den Abschnitt Hartenrod - Niederwalgern der DB-Nebenbahn Herborn - Niederwalgern. Das große Engagement von Fach- und lokaler Presse sowie des regionalen Rundfunks war zum einen unverständlich, weil die miserable Benutzung der Strecke wohl wirklich keinen weiteren Zugbetrieb rechtfertigte. Es war aber insofern verständlich, als die Verbindung im Jahr zuvor mit einem erheblich besseren Fahrplan und modernen VT 628.4 bedacht worden war und zudem ja auch die im Zuge der Bahnregionalisierung von der DB gemachte Zusage im Raum stand, das Verkehrsangebot des Jahres 1993/94 zumindest bis 1996 beizubehalten.

Daß der letzte planmäßige Reisezug von Niederwalgern nach Hartenrod dann doch schon am **27. Mai 1995** fuhr, lag in der Haltung des Landkreises Marburg-Biedenkopf begründet, in Zukunft keine Betriebskostenzuschüsse leisten zu wollen. Damit war die Strecke endgültig auch für den zum 28. Mai 1995 aktivierten Rhein-Main-Verkehrsverbund uninteressant geworden. Die Frage nach der Beibehaltung der DB-Leistungen bis 1996 löste man übrigens so: die durch die Stillegung eingesparten Zugkilometer kamen im neuen Fahrplan der Strecke Marburg - Biedenkopf - Laasphe (KBS 623) zugute und blieben damit der Region erhalten.

Hauptursache für die schlechte Nutzung des östlichen Teils der »Aar-Salzböde-Bahn« war neben den »nebenbahnüblichen« Gründen – hier in erster Linie die zu geringe Geschwindigkeit – die Tatsache, daß sie praktisch quer zu den in Richtung Gießen und Rhein/Main-Gebiet laufenden Hauptverkehrsströmen liegt. Das bedeutete Umsteigen und damit Zeit- und Komfortverlust. Als die »Aar-Salzböde-Bahn« entstanden war, hatte das natürlich noch keine Rolle gespielt. Angefangen hatte es am 12. Mai 1894 mit der Eröffnung der nur gut 13 km langen Stichbahn von Niederwalgern (an der Main-Weser-Bahn Kassel - Frankfurt) nach Wei-

In Niederwalgern lag das Ziegel-Empfangsgebäude zwischen der Main-Weser-Bahn (rechts hinter dem Gebäude) und der Strecke nach Herborn. Am 25.04.1995 hat die neurote 216 194 ihren Wendezug aus Herborn in den Anschlußbahnhof geschoben und die Reisenden warten bereits auf dem Bahnsteig der Hauptbahn auf die Züge nach Gießen und Marburg. Viele sind es nicht.

Als Zug 8263 ist 628/928 438 am 15.05.1995 bei Niederwalgern unterwegs. Makellos, d. h. ohne Jägermeister- oder Volksbank-Reklame, vor allem aber ohne Grafitti, präsentiert sich der Triebwagenzug. Makellos präsentiert sich auch die Landstraße, die den geringen Mehrverkehr nach der Stillegung der Bahn sicherlich zu verkraften weiß.

Markantester Bahnhof der Strecke ist Gladenbach, wo bis zum Ende des Personenverkehrs Kreuzungen stattfanden. 628 456 ist am 25.04.1995 auf dem Weg nach Dillenburg, während dahinter eine 216 mit ihren Silberlingen auf die Ausfahrt nach Niederwalgern wartet. Die typisch preußischen Empfangsgebäude prägen auch im Gebiet des alten Kurfürstentums Hessen (Kassel) die Eisenbahn-Landschaft, wurde Hessen (Kassel) doch 1866 von Preußen kurzerhand einkassiert.

Die zehn Steilstreckenloks der Baureihe 213 waren ursprünglich für die Murgtalbahn geliefert worden, dann waren sie u. a. zwischen Dillenburg und Wallau (siehe Band 2), Linz - Kalenborn, Boppard - Emmelshausen und heute in Thüringen im Einsatz. Alle diese Strecken waren bei ihrem Bau nur mit Zahnradloks zu bewältigen gewesen. Viel leichter hat es dagegen hier 213 334 am 21.05.1984 bei Erdhausen: Die Strecke war nie eine Zahnradbahn und drei Silberlinge erfordern auch nicht den Einsatz der letzten Reserven.

Im stillgelegten Abschnitt war das größte Bauwerk der Viadukt von Bad Endbach. Am 27.01.1987 fährt eine 798/998-Garnitur über die schöne Natursteinbrücke. Vielleicht legt der Kurort eines Tages einen Wanderweg über die Brücke an (siehe auch Farbteil Seite 125).

denhausen. Deren Zweck war in erster Linie die Anbindung der Hütten- und Metallbetriebe in Gladenbach und Weidenhausen gewesen. Schon kurze Zeit später wurde die Verlängerung der Bahn von Weidenhausen bis Herborn an der Strecke Hagen - Gießen (heute Ruhr-Sieg-Strecke genannt) bestimmt und in zwei Etappen verwirklicht: Weidenhausen - Hartenrod wurde am 15. Juli 1901 in Betrieb genommen, Hartenrod - Herborn am 1. August 1902. Die Verzögerungen bei der Fertigstellung des letzten Abschnitts spiegeln auch die baulichen Probleme in der Streckenmitte wider. Neben aufwendigen Steinviadukten bei Endbach sowie mitten in Hartenrod mußte nämlich am Scheitelpunkt der Strecke, der immerhin mit rund 400 m über NN etwa 200 m höher als die Endstationen liegt, der genau 700 m lange Hartenroder Tunnel geschlagen werden.

Tunnel und Viadukt von Hartenrod, immerhin, werden uns also noch einige Zeit erhalten bleiben, sie liegen nämlich im weiterhin betriebenen westlichen Abschnitt der Strecke 624. Hier wurde zeitlich mit der Kappung der Gesamtverbindung der Stundentakt eingeführt (werktags außer samstags), an Samstagen blieben noch vormittags vier Paare. Gefahren wird mit modernen VT 628.4. Wenn also irgendwann auch eine Stillegung dieses Stücks anstehen sollte, kann es an mangelndem Fahrplan- und Fahrzeug-Komfort nicht gelegen haben

634 Völklingen - Überherrn 14 km

Die Erze Lothringens mit den Kohlen des Saarbeckens zusammenbringen! Dieser Gedanke trieb in der zweiten Hälfte des 19. Jahrhunderts zahllose »Strategen« – sei es aus der Schwerindustrie, sei es aus Politik oder Militär – rastlos um. Dummerweise lag zwischen Erzen und Kohlen auch die Grenze zwischen Frankreich und Preußen (das Saarland gehörte damals zur preußischen Rheinprovinz).

Nach dem Krieg von 1870/71 hatte sich die Situation grundlegend geändert, und sowohl aus militärstrategischen wie auch aus wirtschaftlichen Erwägungen wurde das nun zu den »Reichslanden« Elsaß-Lothringen gehörende Gebiet zwischen Saar und Mosel mit zahllosen neuen Eisenbahnstrecken überzogen (siehe hierzu auch das Kapitel 603/692 über die »Kanonenbahn« Berlin - Koblenz - Metz). Die aus rein ökonomischen Gründen bedeutendste Linie war zweifellos diejenige von Diedenhofen (Thionville), wo wichtige Routen vom bzw. zum Erzrevier zusammentrafen, über Busendorf (Bouzonville), Hargarten-Falck und Überherrn nach Völklingen bzw. Bous, die in mehreren Abschnitten zwischen 1880 und 1883 von den Reichseisenbahnen Elsaß-Lothringen fertiggestellt wurde (Völklingen - Wadgassen für den Güterverkehr am 1. April 1881 eröffnet, für den Personenverkehr am 1. Juni 1883; Bous - Wadgassen - Grenze bei Überherrn am 1. April 1880). Die Strecke war von vornherein zweigleisig und diente in allererster Linie dem Güterverkehr, der Personenverkehr hatte stets nur regionalen Charakter. Dieser Güterverkehr auf der »Erzbahn« war so stark, daß die Strecke Bous/Völklingen - Diedenhofen vor dem Ersten Weltkrieg als die profitabelste des ganzen Deutschen Reiches galt.

Der Erste Weltkrieg, die wirren Jahre danach, die NS-Zeit und schließlich der Zweite Weltkrieg brachten ständige Veränderung für das Saarland wie für den Verkehr auf der »Erzbahn«; all das kann unmöglich an dieser Stelle dargestellt werden. Nach dem Zweiten Weltkrieg jedoch beruhigte sich die Lage langsam wieder. Frankreich und das bis zum 31. Dezember 1956 de facto Frankreich unterstellte Saarland intensivierten ihre Wirtschaftsbeziehungen, der Erzverkehr zu den Hütten in und um Völklingen lebte wieder auf. Auch die Eingliederung des Saarlands in die Bundesrepublik 1957 änderte daran nichts mehr, vielmehr sorgten »Montanunion« und »Europäische Wirtschaftgemeinschaft« (EWG), also die Vorläufer der heutigen EU, dafür, daß nun wieder fast ungehindert der Montanverkehr rollen konnte. Der nunmehrige Grenzbahnhof Überherrn war schon Ende der 1950er Jahre der mit weitem Abstand wichtigste Güter-Übergangsbahnhof zwischen DB und SNCF, ja zwischen DB und einer anderen Bahnverwaltung überhaupt. 1958 passierten ihn täglich 50 Güterzüge (und sechs Reisezüge im Nahverkehr), insgesamt rollten in diesem Jahr 9,1 Mio Tonnen Erz, Eisen und Kohle hier über die Grenze.

Angesichts dessen verwundert es nicht, daß auf dem Elektrifizierungsprogramm der Saar-Eisenbahnen auch die Verbindung Völklingen - Überherrn ganz oben stand.

Am 03.04.1990 herrscht im Grenzbahnhof Überherrn Tristesse pur: Die meisten Gleise sind abgebaut, ein Übergang zum völlig heruntergekommenen Nachkriegs-Empfangsgebäude links außerhalb des Bildes besteht nicht mehr. Stattdessen bildet jetzt der kleine Weg samt Gleisrest rechts den einzigen Zugang zum Bahnsteig. Auch die silber-orangenen Steuerwagen der Bauart BDnrzf 740 wirken nicht gerade anheimelnd.

Hochstraße, hellgelber Klinkerneubau und altpreußischer Bahnsteigdachrest bilden das wesentliche Ambiente des Bahnhofs Hostenbach. Die »Allerweltslok« 141 117 und zwei Silberlinge können am 04.04.1990 nur noch einen bescheidenen zusätzlichen Beitrag erbringen. Elektrisch wird auf der Strecke seit dem 30.05.1960 gefahren.

Das Teilstück Völklingen - Hostenbach war 1876 als Kohlenanschlußbahn der Privatgrube Hostenbach erbaut worden und wurde erst mit Vertrag von 1881 vom Deutschen Reich angekauft. Zusammen mit der Halde und den Rohrleitungen bietet die früher zweigleisige Saarbrücke das typische Bild einer Montanregion (Aufnahme vom 04.04.1990).

Auch die SNCF elektrifizierten ihre Linie Diedenhofen/Thionville - Überherrn, allerdings mit ihrem 50 Hz/25 kV-Stromsystem. Gleichzeitig mit der Elektrifizierung wurde Überherrn zu einem »internationalen Gemeinschaftsbahnhof« ausgebaut und umfassend modernisiert, Grenzabfertigung und Lokwechsel konnten also gleichzeitig stattfinden. Auf den Personenverkehr nahm man dabei keine Rücksicht. Im bereits zitierten Jahr 1958 hatten hier nämlich im täglichen Durchschnitt nur 29 Menschen die Grenze überquert. Gleichwohl wurde der Verkehr beibehalten, und bis in die frühen 1970er Jahre gab es auch einige wenige Zugpaare (Schienenbusse), die nicht in Überherrn endeten, sondern bis Hargarten-Falck weiterfuhren. »Mit der Einstellung des Reisezugverkehrs zwischen Überherrn und Hargarten-Falck kann jederzeit gerechnet werden« drohte jedoch schon das Sommer-Kursbuch 1972 an. So kam es.

Neben den grenzüberschreitenden Zügen wurde jedoch schon damals zwischen Überherrn und Völklingen ein sehr dichter Personennahverkehr (mit Elloks bespannte Wagenzüge) angeboten, der ganz wesentlich den Industriearbeitern zur Verfügung stand. Aber mit der Montanindustrie in und um Völklingen ging es in den 70er und 80er Jahren bekanntlich dramatisch bergab, die alles dominierende »Völklinger Hütte« ist heute in die UNESCO-Liste des Weltkulturerbes eingetragen. Eine größere »Auszeichnung« kann einem stillgelegten Industriebetrieb wohl nicht widerfahren, neue Arbeitsplätze allerdings schafft so etwas kaum.

Der Fahrplan blieb über Jahre hinweg recht dicht und sah auch 1991/92 noch neun Zugpaare werktäglich vor, das letzte fuhr am **29. Mai 1992** abends um 19.17 Uhr von Überherrn nach Völklingen und dann nach Saarbrücken. Samstags und sonntags fuhr schon seit Jahren nur der Bus. Der reicht(e) inzwischen auch für den »Arbeiterverkehr«.

669 Heidelberg Ochsenkopf - Heidelberg Blücherstraße 1 km

Zu den interessantesten Schienenverkehrsangeboten des Rhein-Neckar-Raumes gehört wohl eine Rundfahrt Mannheim - Heidelberg - Weinheim - Mannheim auf den Gleisen der OEG, die seit der Schließung der letzten Lücke im Oberleitungssystem zwischen Schriesheim und Weinheim 1956 möglich ist (echter Ringverkehr für die Fahrzeuge wurde allerdings erst 39 Jahre später machbar). Ein Jahr zuvor, 1955, war ein weiterer langgehegter Wunsch der Region endlich in Erfüllung gegangen: Heidelbergs neuer Hauptbahnhof, der den alten Kopfbahnhof ablöste, konnte endlich in Betrieb genommen werden. Allerdings versäumte man es damals, die meterspurigen OEG-Gleise gut an diesen neuen Hauptbahnhof anzubinden. Vielmehr blieb die sozusagen historisch gewachsene Situation bestehen, die ursprünglich einzeln betriebenen Strecken Mannheim - Heidelberg und Heidelberg - Weinheim führten zur Station Heidelberg-Bismarckplatz, ihrer ehemaligen Schnittstelle also (und gleichzeitig derjenige Punkt, der dem alten Hauptbahnhof am nächsten lag). Auch heute steuern die Züge der OEG den Bismarckplatz an, allerdings benutzen sie dabei auf der Mannheimer Seite des »Dreiecks« eine auf rund 1 km ganz neue Trasse, die direkt über den Hauptbahnhofsvorplatz führt. Die alte OEG-Trasse wurde zwischen den Stationen Heidelberg Ochsenkopf und Heidelberg Blücherstraße zum **17. Mai 1993** in Ost-West-Richtung, genau eine Woche zuvor schon in der Gegenrichtung aufgegeben.

Die OEG-Züge sind innerhalb des engeren Stadtgebietes von einer »ganz normalen Straßenbahn« kaum zu unterscheiden. Neben der Aufschrift »OEG« weist am besten noch das »Dreilicht-Spitzensignal« darauf hin, daß man es hier nicht mit einer Straßenbahn zu tun hat, sondern mit einem Eisenbahn-Fahrzeug – auch wenn es ansonsten keine nennenswerten technischen Unterschiede gibt.

Ab der Station Ochsenkopf wurde in Heidelberg die OEG neu trassiert. Während am 28.06.1990 der Triebwagen 103 noch die alte Trasse in Richtung Heidelberg befährt, sind links von ihm bereits die Bauarbeiten an der neuen Strecke erkennbar. In Ochsenkopf begann oder endete auch für ungezählte Lokführer der Dienst, lag doch nur wenige Schritte entfernt das Bahnbetriebswerk Heidelberg.

In der Innenstadt von Heidelberg war die OEG (links) kaum von der Heidelberger Straßenbahn (rechts) zu unterscheiden. Auch die Haltestelle Mittermaier Straße (hier am 02.08.1989) wird nicht mehr von der OEG bedient, ebenso wie die OEG-Haltestellen Blücherstraße und Römerstraße. Da aber dieser Abschnitt nach wie vor auf Schienen von der Straßenbahnlinie 2 befahren wird, haben wir ihn in der Kapitelüberschrift nicht als stillgelegt mitaufgeführt. Triebwagen 93 gehört ebenso wie 103 vom vorigen Bild zu einer Serie von 35 achtachsigen Gelenktriebwagen, die zwischen 1966 und 1989 von der Düwag geliefert wurden.

Kuriosa wie solche haben ihre Ursache üblicherweise in der Geschichte eines Bahnbetriebs. So auch hier. Das zwischen 1887 und 1892 entstandene Bahndreieck – der uns hier besonders interessierende Abschnitt Heidelberg - Edingen ging am 13. Juli 1891 in Betrieb – war nämlich ursprünglich eine private Nebenbahn, die aus Kostengründen in Meterspur (und zum Teil direkt neben der Chausee) angelegt wurde. Dahinter stand der in diesem Buch schon mehrfach erwähnte Berliner Unternehmer Hermann Bachstein, auf den zahlreiche ähnliche Betriebe auch und gerade im südwestdeutschen Raum zurückgehen. 1897 brachte Bachstein auch das »Dreieck« in seine »Süddeutsche Eisenbahngesellschaft« (SEG) ein, in der insgesamt 14 Bahnen zwecks Rationalisierung von Verwaltung und Betrieb zusammengefaßt worden waren.

Zu dieser Zeit entwickelte auch die Stadt Mannheim manche Initiativen zum Bau neuer Vorortbahnen. Das drohte zu einigen Kollisionen mit der SEG zu führen, die keine neuen Betriebe in ihrem »Revier« zulassen wollte. Klugerweise verständigten sich die potentiellen Konkurrenten darauf, gemeinsam den Ausbau des privaten Nebenbahnnetzes im Städtedreieck Mannheim/ Heidelberg/ Weinheim vorzunehmen. Neben ganz neuen Verbindungen betraf das in erster Linie die Elektrifizierung der vorhandenen Linien. Zu diesem Zweck wurde 1911 die »Oberrheinische Eisenbahn-Gesellschaft« (OEG) gegründet, in die die Stadt Mannheim unter anderem ihre Dampf-Nebenbahn Käfertal - Heddesheim und die SEG die Dreiecksbahn einbrachte; zudem waren noch zwei Elektrizitätsunternehmen und eine Bank an der OEG beteiligt. Bereits 1915 war die Elektrifizierung der Linie Mannheim - Weinheim abgeschlossen, auch neue Strecken wurden gebaut, dann aber stoppte der Erste Weltkrieg weitere Aktivitäten, darunter die laufende Elektrifizierung zwischen Mannheim und Heidelberg.

Nach Kriegsende drohte das gesamte Unternehmen im Chaos zu versinken. Erst als die Stadt Mannheim Schritt für Schritt die Aktienmehrheit der OEG übernahm (heute ist sie praktisch Alleineigentümerin), kam das Unternehmen langsam wieder in sicheres Fahrwasser. Über Jahrzehnte hinweg, bis in die Gegenwart, vollzog sich die Umgestaltung der alten Nebenbahn zu einem modernen Nahverkehrsbetrieb. Die »Neubaustrecke« über den Heidelberger Bahnhofsvorplatz war dabei nur einer von vielen Schritten, wenn auch einer der größten.

686 Homburg (Saar) Hbf - Bierbach 9 km
686 Bierbach - Reinheim (Saar) 17 km

Mit einer einst die Grenze zwischen Deutschland und Frankreich überschreitenden Linie haben wir es auch hier zu tun. Aber was sich an der Strecke von Homburg ins französische Saargemünd am Grenzbahnhof Reinheim tat (bzw. nicht tat), ist mit Überherrn überhaupt nicht zu vergleichen. Um noch einmal das Jahr 1958 zu bemühen: täglich zwei Güterzüge, zumeist beladen mit Getreide, Düngemitteln oder Eisen, passierten damals noch die Grenze, Personenverkehr fand überhaupt nicht mehr statt, der endete schon in Reinheim. Ganz anders sah es im nur knapp zehn km entfernten Grenzbahnhof Hanweiler/Bad Rilchingen an der Linie Saarbrücken - Saargemünd (- Straßburg) aus: 29 Reisezüge und 28 Güterzüge täglich. Zu dieser Zeit stand schon die Elektrifizierung der Strecke von Saarbrücken nach Saargemünd an, außerdem die Konzentration der grenzüberschreitenden Verkehre auf möglichst wenige Gemeinschaftsbahnhöfe. Dem fiel der weitaus unbedeutendste aller Übergänge zum Opfer, nämlich der in Reinheim (D) bzw. Bliesbrücken (F) an der Homburg-Saargemünder Bahn.

Daß hier überhaupt nach 1956 noch Züge gefahren sind, dürfte der zehnjährigen wirtschaftlichen Angliederung des Saargebiets an Frankreich zuzurechnen sein, es handelte sich also bis zum 31. Dezember 1956 mehr oder weniger um »Binnenverkehr«, der auch unter den neuen Vorzeichen noch eine zeitlang beibehalten und schließlich abgelöst wurde.

Die Bliestalbahn nach Saargemünd war entstanden in einer Zeit, als hier »Grenzfragen« eine ganz andere Rolle spielten. Mit ihr wollte nämlich die Pfälzische Ludwigsbahn, die seit 1875 über die Strecke Landau - Zweibrücken verfügte, einen Anschluß an das wegen seiner Bodenschätze hochinteressante Lothringen gewinnen; und zwar unter Umgehung preußischen Gebiets, denn vor der Installierung des sogenannten »Saargebiets«

Die beiden Zwischenstationen des Teilstücks Homburg - Bierbach in Homburg-Beeden und Schwarzenacker wiesen nur recht einfache Anlagen auf. Am 05.09.1985 hat eine V 100 ihren Wendezug nach Schwarzenacker geschoben. Dort verläßt der Zug die früher nach Einöd bzw. Zweibrücken (siehe Band 2) führende Hauptbahn und biegt auf die neun Jahre jüngere Strecke nach Bierbach ein.

Hauptbahnhof des Abschnitts Bierbach - Reinheim war die Station Blieskastel Stadt, wo auch am 05.09.1985 noch Zugkreuzungen stattfanden. Die DB hat dem Bahnhof sogar noch ein modernes Bahnhofsgebäude gegönnt, wie überhaupt die ganze Anlage einen gepflegten Eindruck macht. Längst Vergangenheit ist das Be- und Entladen von Expressgut am Packabteil des Steuerwagens.

Kurzer Stop der 212 346 am 05.09.1985 im Bahnhof Blickweiler. Der für die Strecke typische Bau geht auf die Pfälzische Ludwigsbahn zurück. Auch hier sind die Gleisanlagen bereits deutlich reduziert.

In Reinheim ist am 30.03.1985 noch erkennbar, daß es einmal zweigleisig ins heute französische Bliesbruck und weiter nach Sarreguemines ging. Für den Steuerwagen (noch die alte Bauart mit Übergang) ist jedoch hier Schluß, wie H-Tafel, Wärterhaltscheibe und, wenn das alles nichts nutzt, die Schwellen auf den Gleisen belegen. Zum Ort geht es nach rechts über die Bliesbrücke.

Der Lokführer hat am 05.09.1985 in Reinheim den Steuerwagen verlassen und besteigt nun die Lok, um die Rückfahrt in Richtung Bierbach vorzubereiten. Noch leuchten die Zugschlußlampen der Maschine. Sie war am 09.04.1965 beim Bw Saarbrücken in Dienst gestellt worden.

1920 gehörten Homburg und das Bliestal zur bayerischen Pfalz. Am 1. April 1879 wurde die 25 km lange Linie Zweibrücken - Bierbach - Reinheim - Saargemünd eröffnet, ein Staatsvertrag zwischen Bayern und dem Deutschen Reich (für Elsaß-Lothringen) gestattete den durchgehenden Betrieb der Pfälzischen Ludwigsbahn bis Saargemünd.

Zusätzliche Bedeutung gewann die Strecke mit der in erster Linie strategischen Zwecken dienenden Glantalbahn (siehe »Abschied von der Schiene« I und II) von Gau Algesheim (an der Strecke Bingerbrück - Mainz) über Bad Münster und Lauterecken-Grumbach nach Homburg, die 1905 vollendet wurde und bei etwaigen neuen Truppenaufmärschen gegen Frankreich die Nahe- und die Moselstrecke entlasten sollte. Von Homburg weiter in Richtung Westen bot sich dabei zur Umgehung des Flaschenhalses Saarbrücken eine Kombination der bereits am 7. Mai 1857 von der Pfälzischen Ludwigsbahn eröffnete Strecke Homburg - Schwarzenacker - Einöd - Zweibrücken, Schwarzenacker - Bierbach (26. November 1866, ebenfalls Pfälzische Ludwigsbahn) sowie der Bliestalbahn Zweibrücken - Bierbach - Reinheim - Saargemünd geradezu an. Gemäß den militärischen Vorgaben wurde die Linie von Homburg bis Saargemünd zweigleisig ausgebaut, und tatsächlich soll sie im Ersten Weltkrieg als Aufmarsch- und Nachschublinie von höchster Bedeutung gewesen sein.

Wie sehr in friedlichen Zeiten sich die Bedeutung relativierte, ist eingangs bereits erläutert worden. In der Fahrplantabelle 686 bestimmten schon seit Jahren Busse das Bild, seit dem **31. Mai 1991**, als letztmals ein planmäßiger Personenzug von Homburg über Bierbach nach Reinheim fuhr, sind sie unter sich.

692 siehe Strecke 603

714 Oschersleben (Bode) - Gunsleben 14 km

Für viele ehedem wichtige Fernverbindung bedeutete die Teilung Deutschlands zunächst die Zurücksschneidung auf zwei Stümpfe östlich und westlich der Grenze mit fortan nur noch untergeordneter Bedeutung auf dem Verkehrsmarkt. Einige dieser Strecken sind oder werden derzeit reaktiviert, andere leben als Linie von nur noch regionaler Bedeutung fort. Für die traditionsreiche Hauptbahn Kreiensen - Jerxheim - Magdeburg war die Teilung der Beginn eines weit gravierenderen Prozesses. Sie hat auf den 63 km zwischen Salzgitter (gemeint ist die heutige Station Salzgitter Bad) und Oschersleben de facto nicht nur aufgehört zu existieren, sondern ist im Westen großenteils nur noch von kundigen Eisenbahn-Archäologen wiederzufinden. Manche der Spuren sind inzwischen mehr als 150 Jahre alt.

Am 15. Juli 1843 hatte die Magdeburg-Halberstädter Eisenbahngesellschaft ihre über Oschersleben führende Stammlinie in Betrieb genommen. Bereits fünf Tage zuvor, also am 10. Juli 1843, war der erste planmäßige Zug aus Westen in dem in der preußischen Provinz Sachsen liegenden Bode-Städtchen Oschersleben eingetroffen, nämlich über die Stammlinie der Braunschweigischen Staatseisenbahn, also von der Landeshauptstadt über Wolfenbüttel und Jerxheim. Das bedeutet: Das uns hier in erster Linie interessierende Teilstück Oschersleben - Gunsleben - Jerxheim war ein Element der ersten großen Ost-West-Linie von Berlin über Magdeburg und Braunschweig nach Hannover und – ab 1847 – von Hannover weiter nach Köln. Es war zudem die älteste aller von der innerdeutschen Grenze geteilten Linien (und die älteste der zwischen 1991 und 1995 stillgelegten Strecken sowieso).

Ab 1868 konnte man ab Jerxheim via Börßum und Salzgitter auch nach Kreiensen fahren (dort wiederum bestanden Anschlüsse in Richtung Süden via Kassel und in Richtung Westen via Altenbeken), so daß die Linie Magdeburg - Oscherleben - Jerxheim nun für weitere Fernverbindungen zur Verfügung stand. Allerdings dauerte diese »große Zeit« nur bis 1872: dann nämlich eröffnete die Berlin-Potsdam-Magdeburger Eisenbahnge-

202 506 ist am 13.05.1992 in Neuwegersleben eingetroffen. Bevor es weitergeht, muß die junge Dame die Schranken herunterkurbeln, die sich hier noch aus früheren Hauptbahnzeiten erhalten haben. Interessant ist auch der Packwagen zwischen den »Allerwelts«-Fahrzeugen V 100 und »Reko«-Vierachser: Gebaut ab 1956 als Güterzuggepäckwagen, machten diese Fahrzeuge später teilweise Karriere und wurden in den Reisezugwagenpark übernommen.

Ein wenig Hauptbahnflair hat sich auch noch am 13.05.1992 in Gunsleben erhalten: Bahnhofsgebäude und Schranken - diesmal von einer etwas älteren Dame bedient - verweisen auf glorreichere Zeiten. 202 506 setzt für die Rückfahrt nach Oschersleben ans andere Zugende um.

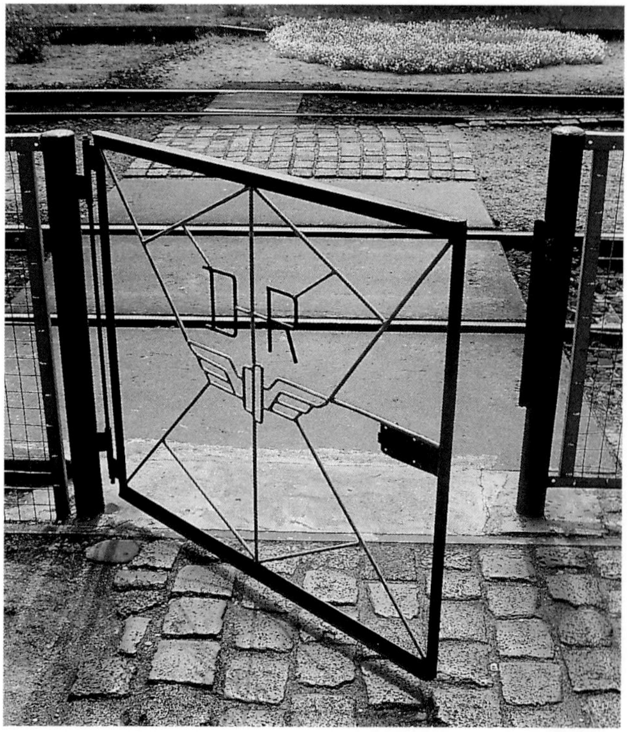

Auch eine liebevoll von der Bahnmeisterei zusammengeschweißte Bahnsteigsperre besaß Gunsleben noch. Schließlich führt das Lokumlaufgleis bedrohlich nahe am Bahnhofsgebäude vorbei.

sellschaft die erheblich kürzere Direktverbindung Magdeburg - Helmstedt - Braunschweig, etwa gleichzeitig die Magdeburg-Halberstädter Gesellschaft ihre berühmte »Lehrter Bahn«. Beide zogen natürlich das Gros des Ost-West-Verkehrs sofort an sich. Und auch im Süden war Konkurrenz erwachsen: 1869 nahm die Magdeburg-Halberstädter Eisenbahngesellschaft die Linie Halberstadt - Vienenburg (bei Goslar) in Betrieb, an der, verglichen mit der Oscherleben-Jerxheim-Börßumer Linie, die weitaus bedeutenderen Städte lagen. Aber bis zum Zweiten Weltkrieg wurden mehr und mehr Fernzüge wieder über Jerxheim gelegt, besonders für den Verkehr zwischen Südwestdeutschland und Berlin. Wuchtige Stellwerke aus den 1930er Jahren, die für eine umfassende Streckenmodernisierung sprechen, erinnern bis heute an diesen »Wiederaufstieg«.

Kaum vorstellbar, daß hier durch Gunsleben vor fast 150 Jahren die einzige Verbindung zwischen Berlin und Westdeutschland (Hannover, später Köln) hindurchführte und die ersten 1A1 und 2A-Loks der Braunschweigischen Eisenbahn die Gegend vollräucherten. Sie stammten noch überwiegend aus den USA (Norris), England (Forrester, Sharp & Roberts, Stephenson), aber auch schon aus dem heimischen Braunschweig und Zorge im Harz. Am 13.05.1992 gammeln auf der Trasse alte Betonschwellen, und links führt ein Anschlußgleis nach Aderstedt.

Dem folgte bald der tiefe Fall. Etwa auf halbem Weg zwischen Jerxheim und Gunsleben lag nun über der zweigleisigen Magistrale die Grenze zwischen britischer und sowjetischer Besatzungszone. Zwar wurde am 2. September 1945 ein Übergangsverkehr eingerichtet, aus heute nicht mehr ganz zu klärenden Gründen jedoch wurde dieser kurz darauf schon wieder eingestellt. Auf westlicher Seite wurde der Verkehr nicht wieder aufgenommen; die nächste Station, Gunsleben, war zehn km von Jerxheim entfernt und lag auf östlicher Seite. Auch für die Linie Jerxheim - Börßum - Salzgitter war damit das Todesurteil gesprochen. Sie diente noch ein paar Jahre dem Lokalverkehr, inzwischen ist sie komplett aus dem Streckennetz verschwunden.

Von Oschersleben her wurde Gunsleben jedoch weiter bedient. Erst am **30. Mai 1992** ging auch hier, nach 149 Jahren, das Zeitalter des Schienenverkehrs zu Ende. Zwar handelte es sich offiziell nur um eine Streckensperrung aus technischen Gründen, aber niemand mochte schon damals ernsthaft bezweifeln, daß damit das endgültige Urteil gesprochen war. Da half es auch nicht mehr, daß die bei der DR lange Zeit unter der Kursbuchnummer 714 geführte Strecke mit dem Jahresfahrplan 1992/93 noch in die neue gesamtdeutsche Nomenklatur als Nummer 318 aufgenommen wurde; denn wie hieß es in dieser Tabelle ganz lapidar: »Züge verkehren als Bus«.

761 Beetzendorf (Sachs-Anh) - Kalbe (Milde) 27 km

Der schon im Kapitel 302 erwähnte Streckenabschnitt Beetzendorf - Kalbe gehört zur am 18. Dezember 1899 eröffneten und 43 km langen Normalspurstrecke von Bismark (an der Magistrale Stendal - Salzwedel) über Kalbe nach Beetzendorf. Der Ort Beetzendorf (an der Staatsbahnstrecke Oebisfelde - Salzwedel) war wohl deshalb von besonderer Bedeutung, weil hier die Herren von der Schulenburg, eines der vornehmsten Geschlechter Alt-Preußens, für ihre Gutsbetriebe auf Bahnanschluß drängten. Der Einfluß des Grafen von der Schulenburg erwies sich auch insofern als vorteilhaft, als er alle berührten Orte dazu drängen konnte, kostenlos Grund und Boden für die Bahn herzugeben; die teuren Vermessungsarbeiten ließ man vom Berliner Eisenbahn-Regiment Nr. 2 erledigen – »getarnt« als Praxisausbildung und damit für die Bahn außerordentlich billig, versteht sich. Man hatte halt beste Beziehungen in Berlin.

Die anfangs von der Firma Lenz & Co betriebene Strecke wurde rasch zur bedeutendsten Kleinbahn der Altmark und erwirtschaftete so schöne Überschüsse, daß man sie sehr bald in Richtung Westen verlängerte. Am Heiligabend des Jahres 1903 wurde das Stück Beetzendorf - Diesdorf (auf Diesdorf wurde in Kapitel 302 bereits eingegangen) in Betrieb genommen. Die Gesellschaft firmierte nun unter »Kleinbahn-AG Bismark-Kalbe-Beetzendorf-Diesdorf«. Gleichzeitig wurde der Vertrag mit Lenz & Co gelöst und ein Provinzialbeamter übernahm Betriebs- und Verwaltungsaufsicht.

Die Kleinbahn-AG wuchs weiter. Da sich durch häufige Streckenneueröffnungen bzw. -übernahmen immer wieder die Notwendigkeit ergab, den Namen zu ändern, nannte man sich ab 1927 »Altmärkische Kleinbahn-AG«, ab 1937 schließlich »Altmärkische Eisenbahn-AG«. Deren weiteres Schicksal ist ein für den sowjetischen Herrschaftsbereich typisches: Durch Anordnung vom 31. Mai 1946 stellte der Präsident der Provinz Sachsen die Firma unter seine ausschließliche Verfügungsgewalt, die Aktiengesellschaft war damit enteignet. Die Bahn wurde zunächst in die »Vereinigung Volkseigener Betriebe des Verkehrswesens Sachsen-Anhalt« überführt und mit Wirkung vom 1. April 1949 der Deutschen Reichsbahn übertragen.

Gut 40 Jahre später war die Verbindung Bismark - Kalbe - Beetzendorf praktisch die letzte überlebende Ex-Kleinbahn im Streckendreieck Stendal - Salzwedel - Oebisfelde. Schon bis Mitte der 1970er Jahre hatte hier die Reichsbahn auf den anderen Bähnchen den Personenverkehr eingestellt, oft sofort auch den Güterverkehr. Auch in der DDR war die Kleinbahn dem Ansturm von Pkw, Lkw und Bussen nicht mehr gewachsen. Der Schlußpunkt wurde am **10. März 1991** gesetzt, als zwischen Kalbe und Beetzendorf der Personenverkehr eingestellt wurde.

Von Hohenwulsch, das ist heute sozusagen der »Fernbahnhof« von Bismark, bis Kalbe fahren unter der Kursbuchnummer 307 noch einige Nahverkehrszüge (Schienenbusse). Für die Reste des altmärkischen Kleinbahnnetzes reicht damit im Kursbuch jetzt gut eine Drittel Seite aus.

Ähnlich wie Uckro (siehe Strecke 213) besaß auch Beetzendorf drei Bahnhöfe in unmittelbarer Nachbarschaft, nämlich den Staatsbahnhof (Bildmitte im Hintergrund), den Endbahnhof der Strecken nach Wittingen und Zasenbeck (links der Staatsbahnanlagen) und den Endbahnhof der Strecke nach Badel bzw. Kalbe (hier im Bild).

Frisch saniert, lackiert und betoniert präsentiert sich im Jahre 1991 die Jeetzebrücke kurz hinter dem Bahnhof Beetzendorf. Das ganze hat einen kleinen Schönheitsfehler: 50 Meter weiter steht im Gleis eine rote Wärterhaltscheibe Sh 2, und die gebietet unmißverständlich »Halt«. Daran können auch die anderen Signale, Geschwindigkeitstafel (10 km/h), Pfeiftafel (Pf 2 = »Zweimal pfeifen!«) und Rangierhalttafel (Halbkreis) nichts mehr ändern.

Apenburg in der Altmark. Rechts das Bahnhofsgebäude, in der Bildmitte ein Haus, das zur Zeit des Bahnbaus (1899) entstanden sein könnte. Ein wenig repräsentativ sollte es - angesichts der Nähe zum neuen Anschluß an den Weltverkehr - schon ausfallen. Ähnlich wie bei der DB die Strecke 858 als letzter Einsatzort der Baureihe 64 bekannt wurde, war es bei der DR die Strecke Beetzendorf - Kalbe. 1975 schied dort die 64 1212 als letzte ihrer Baureihe aus dem Dienst.

Badel in der Altmark ist seit 1926 Treffpunkt zweier Privatbahnen und erhielt zu dieser Zeit eine neue Bahnhofsanlage in Keilform zwischen den abzweigenden Strecken. Rechts ging es seit 1926 nach Salzwedel, wo wir den dortigen Streckenabzweig schon bei der Strecke 302 kennengelernt haben. Links führt die Strecke schon seit 1899 nach Beetzendorf. Am 04.11.1991 (alle Aufnahmen) sind beide Streckengleise mit überzähligen Güterwagen vollgestellt.

768 Hanfertal - Bingen Hp 2 km
768 Bahnhof Sigmaringen, Landesbahn 2 km

Die Stammlande der Hohenzollern liegen bekanntlich nicht in Preußen, sondern im heutigen Bundesland Baden-Württemberg. Dieses Terrain, das sich als langer Streifen vom Nordostrand des Schwarzwaldes über die Schwäbische Alb bis fast zum Bodensee erstreckte, war von den Herren zu Sigmaringen und Hechingen im Erbvertrag vom 7. Dezember 1849 ihrem brandenburgischen Vetter, dem Preußenkönig, übertragen worden. Nach anfänglicher Zurückhaltung kamen die Herrscher in Potsdam mit ihren »Kollegen« in Stuttgart einigermaßen zurecht, und so verständigte man sich auch darauf, eine staatlich württembergische Eisenbahnlinie vom württembergischen Tübingen aus über Hechingen und (das württembergische) Balingen nach Sigmaringen (von dort Anschlüsse nach Ulm und Aulendorf) zu bauen: die sogenannte Hohenzollernbahn also (heute wird sie nur noch Zollernbahn genannt). 1869 wurde das erste Teilstück Tübingen - Hechingen eröffnet, Sigmaringen aber erreichte man erst 1878.

Von dieser staatlich-württembergischen Hohenzollernbahn wurde das nunmehr preußische Gebiet jedoch nur unzureichend erschlossen. Darunter litten besonders das Steinsalzbergwerk Stetten sowie das Fürstlich Hohenzollernsche Hüttenwerk Laucherthal bei Bingen. Um diese bedeutenden Betriebe – und natürlich das ganze Land drumherum – zu fördern, beschloß der Kommunallandtag zu Hechingen, eine »Hohenzollerische Kleinbahngesellschaft« zu gründen; das geschah am 28. Februar 1896. Das Grundkapital der Gesellschaft, die sich erst 1907 in Hohenzollerische Landesbahn AG (HzL) umbenannte, betrug 3,25 Mio. Goldmark. Die Hälfte davon trug der preußische Staat.

Das nun aufzubauende Streckennetz bestand zunächst aus einigen Stichbahnen, die erst im Laufe von zwölf Jahren (1900-1912) zu einer durchgehenden Nord-Süd-Verbindung samt Zweigstrecken verknüpft wurden. Ausgangspunkt im Norden wurde Eyach an der staatlich-württembergischen Oberen Neckarbahn

Direkt vor einem Bahnübergang hatte man mittels einiger älterer Schwellen und etwas Asphalt den Haltepunkt Bingen Hp für den Schülerverkehr angelegt. Hier war auch der Endpunkt des Personenverkehrs, während der Güterverkehr weiter zum Bahnhof Bingen Bf und nach Sigmaringendorf führt. VT 5 ist einer der bei vielen Privatbahnen verbreiteten MAN-Schienenbusse, die sich von den DB- und DR-Bauarten vor allem durch die Einachs-Drehgestelle unterscheiden.

Vor der Dorfkulisse von Bingen ist VT 5 als Sonderfahrt zum Haltepunkt Bingen Hp unterwegs. Typisch für die Hohenzollerische Landesbahn ist der gleißend helle Schotter aus Kalkstein.

Plochingen - Horb. Von dort geht es über Haigerloch und Stetten nach Hechingen, wo die HzL einen eigenen Bahnhof unterhalb des Staatsbahnhofs erhielt. Von Hechingen zieht sich die Trasse weiter über Burladingen und Gammertingen (Betriebmittelpunkt; hier beginnt auch der Abzweig nach Kleinengstingen) in Richtung Donau. Im Bahnhof Hanfertal schließlich verzweigt sich die Strecke: Zum einen führt sie nach Sigmaringen (ursprünglich ohne Anschluß an die Staatsbahn übrigens), zum anderen über Bingen und Laucherthal nach Sigmaringendorf, wo die HzL an die Strecke Sigmaringen - Ulm der Königlich Württembergischen Staatseisenbahnen (K.W.St.E.) anschloß.

Das 5,6 km lange Teilstück von Sigmaringendorf nach Bingen wurde als erste HzL-Teilstrecke überhaupt am 28. März 1900 in Betrieb genommen, Bingen - Hanfertal (2,3 km) folgte am 6. Dezember 1908, Hanfertal - Sigmaringen Landesbahn am 5. Oktober 1910. Schon mit Inbetriebnahme des Abschnitts nach Sigmaringen war für den Personenverkehr der Anschluß in Sigmaringendorf in den Hintergrund gerückt; natürlich konzentrierte sich der Verkehr auf die alte Residenzstadt, wo neben dem Nahverkehr auch die Eilzüge der K.W.St.E. hielten. So ist es schon beinahe erstaunlich, daß erst 1968 der Personenverkehr zwischen Sigmaringendorf und Bingen eingestellt wurde. Auch zwischen Bingen Hp und Hanfertal verblieb in den folgenden Jahren nur ein morgendliches Zugpaar (nach Sigmaringen), das ganz auf den Schülerverkehr ausgerichtet war. Am **17. Mai 1991**, am Tag vor den Pfingstferien, fuhr es zum letzten Mal, fortan waren die Busse der HzL hier auch frühmorgens für den Schülerverkehr zuständig.

Im Güterverkehr wird die Strecke Hanfertal - Bingen - Sigmaringendorf weiterhin benötigt. Über sie fährt die HzL unter anderem die lukrativen Salz-Ganzzüge von Stetten nach Ulm Rbf ab, die im wesentlichen für die Chemiefabriken des Wacker-Konzerns bestimmt sind und das finanzielle Rückgrat des HzL-Schienenverkehrs bilden. Eigens hierfür wurde in Sigmaringendorf die Anschlußkurve der HzL an die DB in Richtung Ulm »umgedreht«.

Noch einmal zurück zum Bahnhof Sigmaringen der HzL. Dieser besaß ursprünglich, wie eingangs kurz erwähnt, keinen Anschluß an den Staatsbahnhof, obwohl er von diesem nur einen Katzensprung entfernt

Der etwas merkwürdig anmutende Endbahnhof Sigmaringen Landesbahn hatte keine Verbindung zur DB. 1994 wurde er durch eine neue Streckenführung in den DB-Bahnhof hinein überflüssig. Zwischen Fachwerkgüterschuppen und Empfangsgebäude wartet am 06.08.1991 (alle Aufnahmen) VT 9 auf die Abfahrt nach Gammertingen. Dieser Wagen ist ein weiterer MAN-Schienenbus, von denen die HzL schließlich 11 Stück (einschließlich Bei- und Steuerwagen) besaß. Das sind immerhin 18,3 % aller gebauten 60 Exemplare (siehe auch Farbteil Seite 126).

war. Erst mit Beginn des Jahresfahrplans 1994 wurde die HzL in Sigmaringen durch ein neues Gleis an den DB-Bahnhof angeschlossen, bedingt durch die Bauarbeiten wurde der alte HzL-Bahnhof schon ein paar Tage zuvor abgebunden; am **30. April 1994** erreichte ihn der letzte planmäßige Reisezug.

782 Bad Friedrichshall-Jagstfeld - Ohrnberg 23 km

Schon in der letzten Kursbuchtabelle von 1992/93 dieser nordwürttembergischen Privatbahn waren mehr Museumszüge (Dampfzüge der Eisenbahnfreunde Zollernbahn) aufgeführt als normale Verbindungen. So etwas verheißt nichts gutes, auch wenn die Museumszüge natürlich nicht täglich fuhren. Und tatsächlich wurde der planmäßige Personenverkehr der Kochertalbahn, bei dem Schüler unangefochten das Feld beherrschten, am **31. März 1993** eingestellt. Der bescheidene Güterverkehr hielt sich nur unwesentlich länger. Ende 1993 verkehrten noch einige Rübenzüge, mit Auslaufen der Kampagne war auch damit Schluß (27. Dezember 1993). Wie tief das Bähnchen damals schon in den Dornröschenschlaf versunken war, mag folgendes Detail deutlich machen: Da die Ohrnberger Triebwagen VT 23 und VT 24 nicht mehr benutzt werden konnten, mußte der VT 04 der WEG aus Vaihingen die Rübenzüge an den Haken nehmen.

Die Kochertalbahn Jagstfeld - Ohrnberg war eine Strecke der WEG (Württembergische Eisenbahn-Gesellschaft). Am 15. September 1907 war Jagstfeld - Neuenstadt (dort war auch der Sitz der Bahnverwaltung) in Betrieb genommen worden, die Verlängerung bis Ohrnberg folgte am 1. August 1913. Das untere Kochertal ist relativ dünn besiedelt und industriearm, hier dominieren bis heute Land- und Forstwirtschaft. Dabei konzentrier-

Die kleine Werkstatt der Bahn am Streckenende in Ohrnberg hat ihren Charme aus der Zeit des Bahnbaues bis heute erhalten. T 24 (vorne) und T 23 warten vor dem Schuppen auf den nächsten Einsatz. Die beiden Triebwagen hat 1968 die Firma Gmeinder zusammen mit dem Bushersteller Auwärter gebaut. Heute laufen sie als VT 24 und VS 23 auf der Strecke Betzdorf - Daaden der Westerwaldbahn.

Auch im Empfangsgebäude von Ohrnberg hat sich seit der Eröffnung nicht viel geändert. Interessant ist der offene »Counter«, der also keine Erfindung der Neuzeit ist.

Zuckerrüben, Zuckerrüben, Zuckerrüben! In Kochersteinsfeld wird die süße Fracht mittels der abgebildeten Verladeeinrichtung vom Hänger in Güterwagen umgeladen. Die nimmt dann der Personenzug nach Bad Friedrichshall-Jagstfeld an den Haken. Auch wenn dann die Motoren von T 24 und T 23 noch lauter heulen, sind die Triebwagen große Lasten gewohnt. Auf ihrer ersten Einsatzbahn mußte das Pärchen schwere Kalksteinzüge von Neuffen nach Nürtingen schleppen (Alle Aufnahmen vom 20. 11. 1992, siehe auch Farbteil Seite 126).

te sich das geringe Frachtaufkommen auch noch auf den unteren Streckenabschnitt, zwischen Neuenstadt und Ohrnberg war zuletzt praktisch kaum noch etwas zu tun. Der Güterverkehr also war nicht nur spärlich, sondern zudem auch noch saisonal stark schwankend. Wie unwirtschaftlich es ist, nur für die kurze Zuckerrübenkampagne beispielweise genügend Wagen und entsprechend motorisierte Triebfahrzeuge vorzuhalten, läßt sich leicht ausrechnen.

Mit dem Ende des Güterverkehrs war auch das Schicksal der Museumszüge besiegelt. Die seit 1977 von den Eisenbahnfreunden Zollernbahn veranstalteten Fahrten wurden allerdings nicht ersatzlos gestrichen – fortan bot man die freigewordenen Fahrzeug-und Personalkapazitäten auf der nur noch im Güterverkehr bedienten DB-Strecke Aulendorf - Pfullendorf an.

812 Haßfurt - Hofheim (Unterfr) 16 km

Wohl keine andere Nebenbahn ist in den letzten Jahren so häufig als Beispiel für die Sünden kommunaler Verkehrspolitik bemüht worden wie das »Hofheimerle«, also die ehemalige Lokalbahn von Haßfurt (das liegt an der Hauptbahn Bamberg - Würzburg) nach Hofheim in Unterfranken. Hier nämlich geschah es, daß der Kreistag und der Stadtrat zu Hofheim erklärten, man habe kein größeres Interesse mehr an der Aufrechterhaltung des Zugbetriebs; eher sei das Gegenteil der Fall. Das ist bemerkenswert schon deshalb, weil in der Regel die kommunalen Gebietskörperschaften Weh und Ach klagen, wenn »ihre« Strecke stillgelegt werden soll (gleichwohl sie in den meisten Fällen nicht geneigt sind, aus eigenen Mitteln etwas für den Erhalt zu tun; aber nun soll durch die Regionalisierung ja auch das ganz anders werden).

Königsberg in Bayern führte in alten Kursbüchern stets die Liste der gleichnamigen Orte an, die heute in Rußland, Österreich, Tschechien und Polen liegen. Als letzter Ort dieses Namens wurde nun auch am 28.07.1995 das bayerische Königsberg aus dem deutschen Kursbuch gestrichen. 996 751 und 796 724 sind einen Monat zuvor noch auf der Strecke unterwegs. Eine junge Frau wird das Fahrgastaufkommen des N 7879 bereichern.

Schon öfter haben wir in dieser Buchreihe erlebt, daß Investitionen in die Bahnanlagen nicht unbedingt eine kurzfristige Stillegung der Strecke verhindern. Das renovierte und neueingedeckte Wartegebäude von Junkersdorf ebenso wie die noch fast jungfräuliche Bahnsteigkante sind ein weiteres Beispiel.

Nun ist auch in Hofheim die elektrische Traktion eingezogen, allerdings nur in Form einer 1924 gebauten SSW-Lok der BayWa-Lagerhausgesellschaft Bamberg. Dahinter steht ein Klv 40, ein BD3yg und eine Klv 12-Draisine. Zusammen mit einer Kleinlok und über 2000 weiteren Objekten bilden sie das Eisenbahnmuseum von Emil Lehmann, der seit 1959 »Bahnhofschef« von Hofheim war (siehe auch Farbteil Seite 127).

Konkret ging es bei der Strecke Haßfurt - Hofheim darum, daß sie zum einen kommunalen und regionalen Straßenbauvorhaben im Wege war, zum anderen den Expansionsbestrebungen eines Röhrenwerkes an der Zwischenstation Königsberg. Dieses Unternehmen hatte sich nämlich im Laufe der Jahre beidseits der Bahnstrecke ausgebreitet; anders ausgedrückt: die Bahn zerschnitt das Betriebsgelände. Dem Wunsch des Unternehmens, dem in einer so »strukturschwachen« Region wie dem nordöstlichen Unterfranken um so größeres Gewicht zukommt, mochte die kommunale Politik natürlich nicht gern mit Ablehnung entgegentreten.

Nun müßte man natürlich vermuten, daß eine große Röhrenfabrik eigentlich ein optimaler Kunde des Bahn-Geschäftsbereichs Güterverkehr sein sollte (zumal bei Bahnbau- bzw. -sanierung auch häufig Produkte dieses Unternehmens verbaut werden). Daß dem nicht so ist, vielmehr der Lkw die Frachten übernimmt, wirft ein weiteres Schlaglicht auf die Problematik regionalen Schienenverkehrs.

Und so war es denn um das »Hofheimerle« geschehen. Am **28. Juli 1995**, dem letzten Schultag vor den Sommerferien, knatterten die seit Jahrzehnten hier das Bild bestimmenden Schienenbusse ein letztes Mal über die kurvige Strecke durch das sanft gewellte Hügelland vor den Haßbergen.

Ganz untergehen wird die am 15. März 1892 von den Königlich Bayerischen Staatseisenbahnen eröffnete Strecke – mit ihren engen Kurven und bescheidenen Haltstationen eine typische Lokalbahn – allerdings nicht. An der Endstation Haßfurt hat der letzte Stationsvorstand ein kleines, aber fein gepflegtes Eisenbahnmuseum eingerichtet. Hier zumindest wird das »Hofheimerle« weiterleben.

851 Kulmbach - Thurnau 16 km

Welch ein Abschiedszug! 16 Personenwagen, gezogen von zwei Dampfloks der Baureihe 64 und nachgeschoben von einer 86er, die Wagen überfüllt mit hunderten von Menschen, viele davon in landestypischer Tracht; an den Unterwegshalten jubelndes Volk, Musik- und Trachtengruppen, Feuerwehrleute in historischen Uniformen, mit frischem Maiengrün geschmücktes Stationsinventar, und auf den Straßen links und rechts der Strecke unzählige Autofahrer, die die wundersame Fuhre verfolgen oder begleiten. Ja, dieser 27. Mai 1973 war schon ein besonderer Tag in der Geschichte der Lokalbahn Bayreuth - Thurnau - Kulmbach. Eine Woche später wurde der Schienenpersonenverkehr zwischen Bayreuth und Thurnau eingestellt. Offenbar weckte dieses Ereignis bei vielen Anliegern erstmals wieder die Erinnerung daran, daß es gleich nebenan überhaupt noch die Lokalbahn gab. Nun, der Erfolg der Abschiedsfahrt war insofern kein nachhaltiger, als 20 Jahre später, am **3. September 1993**, auch auf dem 16 km langen Reststück Kulmbach - Thurnau der Schienenverkehr eingestellt wurde. Ein ähnlicher Rummel wie 1973 jedoch fand nicht statt. Längst hatte man sich mit dem endgültigen »Aus« arrangiert. Der Bus zwischen Thurnau und Kulmbach fuhr häufiger und schneller, und den Schülern, für die die beiden verbliebenen Zugpaare rollten, wird's sowieso egal gewesen sein.

Bis hierher ist die Geschichte des »Thurnauer Bockela« eine ganz typische für die bayerischen Lokalbahnen. Und auch das, was vor dem bislang Berichteten geschah, fügt sich sehr wohl in den üblichen Lebenslauf einer Bimmelbahn. Da gab es keine technischen oder ökonomischen Sensationen, in der Vita der Strecke spiegelt sich die Ruhe des fränkischen Landlebens wider. Nichts, so könnte man meinen, nichts geschieht hier überhastet, und so dauerte es auch viele Jahre, bis die Regierung im fernen München über die Eisenbahn-Bittstellungen der Gemeinden am Unterlauf des Roten Mains entschieden hatte. Wie man nach einer so langen Wartezeit erwarten durfte, war es eine recht salomonische Entscheidung, denn die Streitfrage, ob das idylli-

Ein schönes, von der Gemeinde errichtetes Wartehäuschen besaß der Haltepunkt Katschenreuth, der ursprünglich auch noch über ein Ladegleis verfügte. Kurz vor der Stillegung wurde das Gebäude noch einmal von der Gemeinde wunderschön restauriert. Am 18.09.1980 ist 211 302 mit drei Umbau-Vierachsern unterwegs nach Thurnau. Mindestens neun Reisende verlassen den abendlichen Berufsverkehrszug.

Dreizehn Jahre später liegt der Bahnverkehr wortwörtlich »in den letzten Zügen«. Zwischen Thurnau und Kasendorf schauen wir am 27.08.1993 dem Lokführer der 211 060 über die Schulter. Vor den letzten Zügen liefen u.a. Loks der Baureihe 211, die bei der vier Monate später gegründeten Bahn AG keine großen Aufgaben mehr erwarten.

Thurnau ist erreicht und die 211 302 hat sich am 18.09.1980 bereits ans andere Ende des Zuges gesetzt, da hier seit über sieben Jahren der Streckenendpunkt liegt. Dafür steht das Thurnauer Empfangsgebäude noch, ein schlichter Bretterbau, wie wir ihn in dieser Buchreihe schon mehrmals kennengelernt haben.

Wenngleich noch relativ neu, so wirkt der Thurnauer Blinklichtschalter doch wie aus einer anderen Zeit. Hier ist noch keine Design-Abteilung tätig geworden und hat den Schalter der »Corporate Identity« angepaßt.

Ende 1985 wurde das Thurnauer Bahnhofsgebäude und die Güterhalle abgerissen. So ist am 27.08.1993 nur noch ein Betonwartehäuschen und das Abortgebäude zu bewundern, als 211 060 ihren Zug - einen einzigen »Silberling« - für die Rückfahrt umfährt.

sche Thurnau von Kulmbach oder von Bayreuth aus ans Eisenbahnnetz geholt werden sollte, wurde so entschieden, daß man eine Strecke von Kulmbach über Thurnau nach Bayreuth baute. Das war von den Landgemeinden nicht unbedingt zu erhoffen gewesen, denn es bestand ja längst – via Neuenmarkt-Wirsberg – eine Hauptbahnverbindung von Kulmbach nach Bayreuth. Per Gesetz vom 10. August 1904 wurde die juristische Basis für den Bau der Strecke gelegt; die 29 anderer übrigens auch, wir befinden uns hier also auf dem Höhepunkt der Lokalbahn-Zeit. 1907 wurden die Arbeiten aufgenommen, auch hiervon gibt es nichts spektakuläres zu berichten. 2,9 Mio. Mark kostete die gesamte Strecke, davon übernahmen die »Interessenten« (also die berührten Kommunen) rund 300 000 Mark, der Rest ging zu Lasten der Staatskasse. Am 10. und 11. Oktober 1908 fanden die Feierlichkeiten zur Eröffnung des Abschnitts Kulmbach - Thurnau statt, am 28. Juni 1909 ging auch das Reststück bis Bayreuth in Betrieb, das im Bahnhof Bayreuth Altstadt, also rund 5 km vor dem Hauptbahnhof der Wagnerstadt, auf die bereits bestehende Bahn nach Hollfeld traf.

Betrieblicher Mittelpunkt der Strecke war zunächst Thurnau. Schon die Reichsbahn konzentrierte jedoch viele Betriebsaufgaben – voran die Fahrzeugunterhaltung – auf das Bw Bayreuth, und als in den 50er Jahren mehr und mehr Schienenbusse die Strecke eroberten, war Thurnaus Sonderstellung bald dahin. Seit 1980 war der Bahnhof – nun schon Endstation – nicht mehr besetzt, 1985 wurde das Stationsgebäude abgebrochen und durch ein Beton-Wartehäuschen, Blinklichtschalter, Schlüsselwerk und Fernsprecher ersetzt – also typisches Standard-Mobiliar von Nebenbahnen, deren Ende nicht mehr fern ist.

858 Neustadt (Waldnaab) - Floß 10 km

Es gibt Eisenbahnstrecken, die stets in einem Atemzug mit bestimmten Fahrzeugen genannt werden. So ist es auch mit der Nebenbahn Neustadt (Waldnaab) - Eslarn in der Oberpfalz: Ein jeder denkt hier zugleich an den »Bubikopf«, also die Tenderloks der Baureihe 64. Die letzten Exemplare der DB wurden vom Bw Weiden aus hier eingesetzt. Das war 1974.

Ein Jahr darauf fiel auch schon ein erster Streckenabschnitt den Rationalisierungsmaßnahmen zum Opfer. Am 1. Juni 1975 endete der Personenverkehr zwischen Floß und Eslarn, nach weiteren 17 Jahren, zum **29. Mai 1992**, wurde auch auf dem nur zehn Kilometer kurzen Reststück Floß - Neustadt der Reisezugverkehr eingestellt. Das Kapitel Personenverkehr war damit aber noch nicht endgültig geschlossen. Am 8. Mai 1993 fand nämlich eine von der Stadt Floß organisierte Abschiedsfahrt mit der DB-Museumslok 86 457 und Wagen des Nürnberger Verkehrsmuseums auf der Gesamtstrecke bis Eslarn statt. Der Anlaß dafür war nicht gerade erfreulicher Natur: 14 Tage später stellte die DB den Güterverkehr zwischen Vohenstrauß und Eslarn ein, knapp die Hälfte der 50 km langen Strecke war damit für den Gesamtverkehr stillgelegt.

Skeptiker hatten das schon lange erwartet, galt es doch keineswegs als Geheimnis, daß nur die Nähe zur Tschechoslowakei eine schon frühere Stillegung verhindert hatte. Unter dem Titel »Grenzlandförderung« lief das damals. Mit dem Zerfall des »Eisernen Vorhangs« zerfielen also auch die politischen Voraussetzungen, den Betrieb bis Eslarn aufrecht zu erhalten. Abgesehen davon war auch der Güterverkehr schon deutlich zusammengeschmolzen.

Die im Volksmund später »Eslarner Bockl« genannte Strecke war eine weitere typisch bayerische Lokalbahn, eine der ältesten obendrein, entstanden auf der Basis jenes Gesetzes vom 21. April 1884, das als erstes »Lokalbahngesetz« eine gewisse Berühmtheit erlangt hat. Allzu viel hat man sich also auch schon damals nicht von der Strecke versprochen. Allerdings muß einschränkend hinzugefügt werden, daß die ursprüngliche Konzession natürlich nur das Teilstück von Neustadt (an der Hauptbahn Regensburg - Hof/Eger) nach Vohenstrauß betraf (eröffnet am 16.Oktober 1886). Die Verlängerung bis Waidhaus folgte erst am 16. August 1900, bis Eslarn am 1.Oktober 1908. Dort war – und blieb – Endstation. Unsere Strecke gehört also nicht zu denjenigen, die früher nach Böhmen führten, wie es bei vielen anderen in der abgelegenen Oberpfalz der Fall war und nur noch bei wenigen der Fall ist. Leider.

Die Nebenbahn nach Floß (- Eslarn) hatte in Neustadt (Waldnaab) einen eigenen Bahnsteig auf dem Vorplatz des Empfangsgebäudes. Am 14.04.1992 ist dort 796 597 aus Floß eingelaufen, der nun nur noch wenige Kilometer über die Hauptbahn nach Weiden vor sich hat. Im Hintergrund ist die einige Jahre zuvor grundlegend erneuerte Brücke über die Waldnaab zu erkennen.

Welch ein Genuß: Im Sommer weit aus dem Fenster lehnend, den Duft der Getreidefelder und des Waldes einatmend - ab und zu auch ein Hauch von Diesel - das sanfte Schaukeln der Umbau-Vierachser, das Auf und Ab der Telegrafenleitung ... Personenzug mit 211 201 am 19.09.1980 zwischen Störnstein und Gailersreuth.

Die meisten Reisenden bekamen nur die andere Seite des Schalterfensters zu Gesicht. Der Kalender der »Gothaer Feuer« neben dem großen Fahrkartenschrank zeigt korrekt den 14.04.1992 an: Noch 46 Tage Gnadenfrist. Dann ist es endgültig vorbei mit Fahrkarten, Expreßgut und Koffern, mit Geldzählen und dem großen Kassenbuch. Aber auch mit der Ruhe nach der Abfahrt des Zuges. Dann war es Zeit, daß die Ehefrau den Kaffee und das Butterbrot aus dem meist nahen Wohnhaus oder gar aus der Wohnung im 1. Stock des Bahnhofsgebäudes vorbeibrachte.

Alle Haupt-und Nebengebäude des Bahnhofs Floß sind aus solidem Bruchsteinmauerwerk für die Ewigkeit gebaut. Ihre erste Ewigkeit bei der Bahn dauerte über 105 Jahre. Wie mag es hier wohl im Jahre 2097 aussehen?
Am 14.04.1992 wartet der Schienenbus 796 597 mit seinem Steuerwagen auf die Rückfahrt nach Weiden (siehe auch Farbteil Seite (127).

862 Weidenberg - Warmensteinach 9 km

Schlecht Ding will Weile haben. Bereits am 25. April 1983 war durch die Bundesbahndirektion Nürnberg das Stillegungsverfahren für die am 15. August 1896 von den Kgl. Bayerischen Staatseisenbahnen eröffnete Lokalbahn Bayreuth - Warmensteinach eingeleitet worden. Zunächst ohne Erfolg. Doch obwohl – oder weil – die »große Politik« sich so schnell den Sparbemühungen der Bundesbahn nicht anschließen wollte, unterließ die DB die für den Erhalt der Strecke mittelfristig unabdingbaren Investitionen. Gleise und Bauwerke verfielen, besonders schlimm wurde die Situation oberhalb von Weidenberg, wo auf zahlreichen Abschnitten bald nur noch eine Höchstgeschwindigkeit von 10 km/h zugelassen werden konnte.

Das zahlte sich aus. Schließlich war eine Brücke so heruntergekommen, daß zum **31. Dezember 1992** auf dem 9 km langen Abschnitt Weidenberg - Warmensteinach die Strecke »aus technischen Gründen gesperrt« werden mußte; oder durfte?

Jedenfalls wurden die werktags außer samstags verkehrenden viereinhalb Zugpaare – der frühmorgendliche Zug von Bayreuth nach Warmensteinach stand nicht im Kursbuch, durfte gleichwohl von der Öffentlichkeit genutzt werden (ob das wohl jemand getan hat?) – ab Weidenberg durch Busse ersetzt, und diese Busse dürften keine großen Probleme gehabt haben, die Fahrpläne einzuhalten: 19 Minuten für 9 km waren wahrlich keine berauschende Leistung. Wohl deshalb auch hat man darauf verzichtet, in den folgenden Jahren im Kursbuch kenntlich zu machen, daß ab Weidenberg der Bus die Fahrgäste aus den Zügen übernahm.

Obwohl der schlimme Zustand der besagten Brücke, ja eigentlich der ganzen Strecke, allen Beteiligten seit langem bekannt gewesen war und obwohl das Land Bayern und die kommunalen Gebietskörperschaften stets beteuerten, die Strecke erhalten zu wollen, konnte man sich lange Zeit nicht mit der DB bzw. dem Bund über eine Verteilung der Kosten einigen. Erst 1996 wur-

Weidenberg ist seit Ende 1992 der (vorläufige?) Endpunkt der Strecke von Bayreuth nach Warmensteinach. Für 211 022 ist Weidenberg dagegen am 20.09.1980 nur ein Durchgangsbahnhof mit einminütigem Halt, während der Güterwagen aus Frankreich hier sein vorläufiges Ziel erreicht hat.

Hier sollen dereinst wieder Züge rollen. Da die Autoren da nicht so ganz sicher sind und auch mit dem Buch nicht länger warten wollten, fand auch Warmensteinach Eingang in diesen Band. Dort hat am 20.09.1980 211 022 die Wagengarnitur zurückgedrückt, um sie anschließend zu umfahren. Derartig aufwendige Aktionen werden hier - auch im Falle eines Falles - nie mehr nötig sein, denn wenn die Züge wiederkommen, dann als Triebwagen.

den aus Bundesmitteln 10,7 Mio. Mark für die Sanierung der Strecke (und zwar der gesamten) zugesagt, da das Land Bayern nach wie vor beteuerte, man wolle den »Fichtelgebirgsexpreß« wieder auf die Schiene bringen. Ob die genannte Summe dafür ausreicht, ist jedoch durchaus fraglich. Wohl erst dann, wenn über eventuellen zusätzlichen Finanzbedarf Klarheit herrscht, dürfte sich der Nebel zwischen Weidenberg und Warmensteinach lichten.

866 Blaibach (Niederbay) - Gotteszell 40 km

Mit der 40 km langen Verbindung Blaibach - Gotteszell, also der Stammstrecke der Regentalbahn, ist wohl eine der reizvollsten Eisenbahnstrecken Deutschlands aus dem planmäßigen Reiseverkehr ausgeschieden. Als kleiner Trost darf jedoch angemerkt werden, daß zumindest zwischen Gotteszell und Viechtach, also auf dem landschaftlich schönsten Abschnitt, auch weiterhin zu bestimmten Terminen von der »Interessengemeinschaft Schienenverkehr Niederbayern / Arbeitskreis Wanderbahn im Regental« Sonderfahrten veranstaltet werden (im Kursbuch unter Nr. 12905). Und das sind nicht irgendwelche, sondern wirklich recht bemerkenswerte Angebote: Da gibt es den Bärwurzkurier (mit kostenlosem Ausschank des gleichnamigen Hochprozentigen im Zug), da werden Fahrten mit angeschlossener Brauereibesichtigung in Teisnach angeboten, oder auch Nachtfahrten mit geführter Wanderung.

Die eigentliche Attraktion aber ist natürlich das Tal des Schwarzen Regen, das hier, an seinen schönsten Stellen, für Autofahrer unerreichbar ist und sich wie ein Stück unberührter Ur-Landschaft präsentiert. Aber daß die Straßen hier dem Fluß nicht folgen, hat auch damit

Elektronikteile sind sich in Ruhmannsfelden am 22.03.1990 nicht zu schade, mit dem VT 06 der Regentalbahn zu fahren. Ein prüfender Blick auf die Papiere zeigt, daß alles seine Richtigkeit hat. Wer weiß, vielleicht fällt eines Tages ein Bauteil aus, weil die Fahrt mit dem Triebwagen von 1951 zu holprig war. Expressgut in Reisezügen gibt es heute nicht mehr.

zu tun, daß die Siedlungen abseits liegen, also auch abseits der Bahn. Das sind für einen tagtäglichen Personenverkehr, der bekanntlich auf Schüler- und Berufspendlerfahrten basiert, natürlich alles andere als günstige Ausgangsbedingungen. So gesehen ist es also kein Wunder, daß der planmäßige Schienenpersonenverkehr dem Konkurrenzdruck durch den Bus letztlich nicht standhalten konnte. Konkreter Anlaß der Stillegung war die Zerstörung einer kleinen Bachbrücke bei Fichtental durch ein schweres Unwetter, welches am **2. Februar 1991** dem Verkehr zwischen Blaibach und Viechtach ein Ende setzte. Kurz darauf, am **30. April 1991**, endete auch auf dem anschließenden Stück Viechtach - Gotteszell der planmäßige Verkehr, am Tag darauf wurde die Strecke Blaibach - Viechtach auch offiziell stillgelegt. Abgesehen von den Problemen mit der kleinen Bachbrücke hätte ansonsten der beklagenswerte Zustand der 70 m weit gespannten Betonbrücke über den Regen bei Blaibach zur baldigen Einstellung des Betriebs gezwungen.

Angesichts des heute sehr gut ausgebautem Straßennetzes sah man bei der Regental-Bahnbetriebsgesellschaft seinerzeit keine realistische Chance, nach etwaiger Rekonstruktion der Regenbrücke gegen die Straße erfolgreich konkurrieren zu können. Ganz anders stellte sich die Situation rund 100 Jahre früher da, als der Bau einer Lokalbahn von Gotteszell (an der staatlich bayerischen »Waldbahn« Plattling - Bayerisch Eisenstein) nach Viechtach zur Debatte stand. Das Land am Regen war vergleichsweise arm, die Straßen in schlechtem Zustand – da mußte eine Eisenbahn her! Die Staatsbahn hatte an der Strecke kein großes Interesse, also wurde auf Aktienbasis eine Privatbahn ins Leben gerufen, nämlich die »Lokalbahn AG Gotteszell-Viechtach«. Am 10. November 1890 wurde deren Strecke eröffnet (zunächst nur für den Güterverkehr, zehn Tage später, also am 20. November 1890, auch für den Personenverkehr). Schon aus Kostengründen wurde die Trasse so gut es ging neben die Teisnach und den Regen gelegt, allerdings mußte sie deshalb auch gut gegen Hochwasser geschützt werden; außerdem war bei Teisnach ein 64 m kurzer Tunnel vonnöten.

Der Verkehr entwickelte sich recht ordentlich, da blieben Erweiterungspläne natürlich nicht aus. Aber es blieb zunächst bei Plänen. Erst nach Ende des Ersten Weltkriegs und der anschließenden Inflationszeit konnte

Selbst für Fußgänger war das Teilstück Viechtach - Teisnach der Regentalbahn schwer zugänglich. Am 11.08.1982 ist VT 04 bei Teisnach unterwegs in Richtung Viechtach. Die »Esslinger«-Triebwagen VT 03 und VT 04 stammen ursprünglich aus dem hohen Norden (AKN und BGE). Sie besaßen einen 300 PS-Unterflur-Dieselmotor, während die VT 05 bis VT 07 einen 400 PS-Motor in einem gesonderten Maschinenraum aufwiesen.

In völliger Waldeinsamkeit lag der Haltepunkt Gstadt. Direkt daneben gab es früher ein Gasthaus, das nur per Bahn erreichbar war und deshalb auch seine Bierfässer per Zug erhielt. Um in den Ort Gstadt weit entfernt am anderen Hochufer des Schwarzen Regens zu gelangen, mußte man zunächst - ähnlich wie in Schönau - mit einer winzigen Kahnfähre über den Fluß übersetzen. Am 09.04.1995 hat VT 05 den Haltepunkt durchfahren.

Viechtach ist auch heute noch der moderne Betriebsmittelpunkt der Bahn mit umfangreichen Gleis- und Werkstättenanlagen. Am 12.03.1990 bedient VT 06 (links) die Strecke nach Gotteszell und VT 13 (Mitte) die Strecke nach Blaibach. 815 661 ist für das bereits bei der Strecke 448 erwähnte Akkutriebwagen-Projekt von der DB gekauft worden und erhielt später die Nummer VB 01.

In der großen Werkstatt in Viechtach werden neben zahlreichen Fremdaufträgen (vor allem Postwagen, aber z. B. auch V 200 für die Schweiz und Albanien) die eigenen Fahrzeuge unterhalten. Nach jahrelanger Abstellzeit ist am 24.03.1994 der VT 07 in Arbeit, der grundlegend modernisiert wird. Mit VT 05 bis VT 07 sind bei der Regentalbahn wieder die drei Ursprungs-Esslinger der Bentheimer Eisenbahn vereint, die zwischenzeitlich bei jeweils unterschiedlichen Bahnen liefen. Von den 50 gebauten »Esslingern« besaß die Regentalbahn immerhin acht (siehe auch Farbteil Seite 128).

man alte Fäden wieder aufnehmen, nun sollte die angestrebte Verlängerung nach Norden tatsächlich realisiert werden. Ziel war der Ort Blaibach an der Staatsbahnstrecke Cham - Miltach - Kötzting (1892 eröffnet). Vor allem für Holz- und Gesteinstransporte bedeutete diese Öffnung nach Norden erheblich bessere Marktchancen. Imposantestes Bauwerk der neue Strecke, die am 1. Februar 1928 in Betrieb ging, war die eingangs erwähnte große Betonbrücke über den Regen.

Das Jahr 1928 bedeutete für die »Lokalbahn AG Gotteszell-Viechtach« auch in anderer Hinsicht eine große Veränderung. Mit der Lokalbahn Deggendorf-Metten (siehe »Abschied von der Schiene I«) fusionierte man zur »Regentalbahn AG«. Vier Jahrzehnte später gab es noch einmal »Zuwachs« für dieses Unternehmen: Die Regentalbahn übernahm 1967 auch den Betrieb der (privaten) Lokalbahn Lam-Kötzting (LLK), 1973 schließlich fusionierten die Firmen und bilden seitdem die Regentalbahn AG.

Dieses Unternehmen erwies sich auch in den folgenden Jahren als sehr quirlig. Zwar ist seine Stammstrecke nun nicht mehr im regelmäßigen Angebot zu finden, dafür aber hat die Regentalbahn jetzt auf mehreren bayerischen DB-Strecken die Betriebsführung übernommen. Damit nicht genug: Im Zuge der Bahnregionalisierung hat man sich auch erfolgreich um die Bedienung sächsischer Strecken beworben.

Ob die Bahnregionalisierung auch der eigentlichen Regentalstrecke noch einmal neues Leben einhauchen wird?

902 Bogen - Bogen Ost 1 km

»Nebenbahnen sterben häufig ratenweise. Die Strecke Straubing - Miltach ist auch so ein Fall. Zwei Raten sind schon fällig geworden; möglich, daß es nicht die letzten waren.« Mit dieser im Band II der Reihe »Abschied von der Schiene« auf Seite 167 geäußerten Vermutung lagen die Autoren richtig. Mit Einstellung des Personenverkehrs am **27. Mai 1994** wurden weitere 1,1 km dieser Nebenbahn »ausrangiert« und anschließend für den Gesamtverkehr stillgelegt.

Leidtragende dieser Maßnahme waren einige wenige Beschäftigte einer zum Thyssen-Konzern gehörenden Fabrik, auf deren Schichtzeiten das einzige Zugpaar, das den Haltepunkt Bogen Ost zuletzt überhaupt noch anfuhr, abgestimmt war. Nun ist also wieder »Bogen Hauptbahnhof« die Endstation der von Straubing (an der Hauptbahn Regensburg - Passau) kommenden Strecke. Das war schon einmal so gewesen, nämlich von der Eröffnung der Strecke durch die Kgl. Bayerischen Staatseisenbahnen am 9. Dezember 1895 bis zu deren Verlängerung von Bogen nach Steinburg am 16. Mai 1896. Am 5. Dezember desselben Jahres folgte noch das Stück bis Konzell. Hier war neun Jahre lang Endstation. Erst zum 1. Juni 1905 wurde dann das eingangs erwähnte Ziel Miltach erreicht.

Das bereits 1984 für den Personenverkehr stillgelegte Teilstück Steinburg - Miltach (siehe »Abschied von der Schiene« Band I) war zweifellos auch das interessanteste der gesamten Verbindung. Hier verließ die alte Lokalbahn die Donauniederung und wand sich mit zum Teil beträchtlichen Steigungen durch den Vorwald auf Miltach im Tal des Großen Regen zu (siehe auch KBS 866). Leider lagen die Bahnhöfe häufig recht weit von den Orten entfernt, was zur Eröffnungszeit der Bahn mangels Alternativen natürlich kein großes Problem war, im Zeitalter des Automobils – womit sowohl der Individualverkehr als auch der Bus gemeint ist – die Schiene jedoch zwangsläufig ins Hintertreffen brachte. Mangelnde Frequentierung schließlich brachte dann zwei Jahre später auch den Abschnitt Bogen Ost - Steinburg zu Fall.

Heute richtet sich das Augenmerk also wieder auf die »Keimzelle« Bogen - Straubing. Die Regionalisierung des Nahverkehrs könnte ihr eine recht gedeihliche Zukunft sichern. 15 werktägliche Zugpaare (Fahrplan 1996/97) lassen jedenfalls darauf schließen, daß der Strecke Straubing - Bogen keine akute Stillegungsgefahr (mehr) droht.

Bogen Ost am 22.09.1980. Damals ahnte noch niemand, daß sechs Jahre später hier einmal der Streckenendpunkt sein würde, ja damals fuhr der 798 669 sogar nicht nur bis Steinburg, sondern noch bis Miltach durch (bis 1984). Links sind die Werkanlagen zu erkennen, die dem Abschnitt Bogen - Bogen Ost noch eine siebenjährige Gnadenfrist gewährten.

Viel Mühe hat man sich 1986 in Bogen Ost nicht gemacht: Ein Prellbock auf das Gleis geschraubt, dahinter die Schienen abmontiert, und fertig war der neue Streckenendpunkt: 798 737 hat am 30.03.1988 den tristen Ort erreicht.

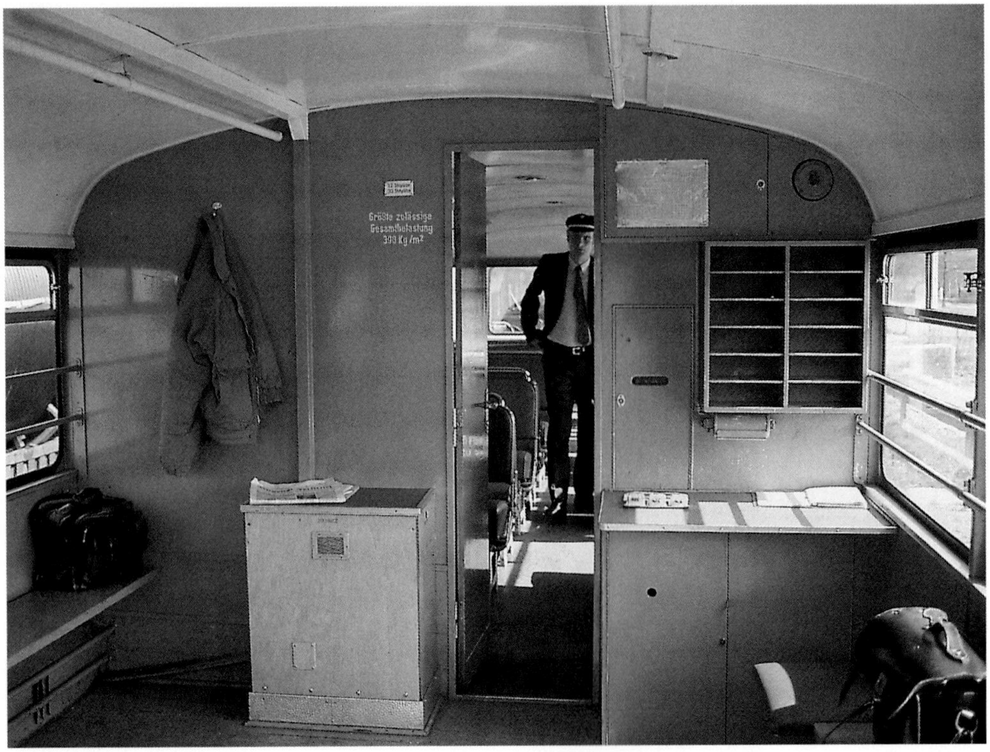

Nutzen wir die kurze Wendezeit am 30.03.1988 in Bogen Ost und schauen uns noch ein wenig im Steuerwagen 998 880 um. Im Gepäckraum ist der Arbeitsplatz des Schaffners. Sogar für einen kleinen Schreibtisch und Sortierfächer für die dienstliche Bürokratie hat der Platz noch gereicht... . Dominieren heute vielfach modische Farben in den DB-Fahrzeugen, so hat man hier das zeitlose Mausgrau gewählt.

907 Gessertshausen - Markt Wald 27 km

Je länger die Zerlegung einer Nebenbahn dauert, desto heftiger schwellen Betroffenheit und Protest unter den Eisenbahnfreunden an. Die Staudenbahn Gessertshausen - Türkheim im bayerischen Schwaben, die einst die Magistrale Augsburg - Ulm und die eingleisige Hauptbahn Buchloe - Memmingen verknüpfte, ist dafür sicherlich ein ebenso gutes Beispiel wie die Strecke Haßfurt - Hofheim, die wir weiter vorn bereits kennengelernt haben.

Der Anfang vom Ende der Staudenbahn datiert schon vom 24. September 1982, als die Strecke durch Stillegung des Abschnitts Ettringen - Markt Wald in zwei Stichbahnen »umfunktioniert« wurde (siehe »Abschied von der Schiene« Band I). Zwar handelte es sich damals nach offizieller Lesart nur um eine Streckensperrung aufgrund des schlimmen Zustandes der Gleise, aber weder die DB noch das Land Bayern machten ein Hehl daraus, daß man die Gesamtverbindung schlicht als überflüssig erachtete. Gleichwohl dauerte es noch bis zum 9. Januar 1987, ehe mit der Einstellung des Personenverkehrs der südlichen Stichstrecke Türkheim Bahnhof - Ettringen der »Rückzug« weiter voranschritt. Genauso erstaunlich ist es, daß der 27 km lange Abschnitt Gessertshausen - Markt Wald eine noch längere Galgenfrist erhielt: bis zum **31. Mai 1991**, dann fuhr auch hier der letzte planmäßige Reisezug.

Schritt für Schritt – so war die Staudenbahn schon von den Königlich Bayerischen Staatseisenbahnen ins Leben gerufen worden. Das erste Teilstück von Gessertshausen nach Fischach war am 12. Oktober 1911 in Betrieb gegangen, es folgten Fischach - Langenneufnach am 8. Februar 1912 und Langenneufnach - Markt Wald am 11. Dezember 1912. Von Markt Wald nach Ettringen konnte man bereits seit dem 20. Dezember 1911 fahren, Ettringen wiederum war an die Hauptbahnstation Türkheim bereits seit dem 29. Oktober 1908 angeschlossen.

In Gessertshausen konnte man bis 1991 von den Zügen der Hauptbahn Augsburg - Ulm auf die Staudenbahn umsteigen. Am 25.03.1987 wartet 515 644 auf die Anschlußzüge aus beiden Richtungen. Auch die Hauptbahn fährt hier inzwischen nicht mehr. Im Zuge der Tauglichmachung für den schnellen IC-Verkehr erhielt Gessertshausen einen neuen Bahnhof (siehe Kapitel »Neutrassierungen«).

Langenneufnach bildet das erste der drei ...neufnachs auf der Bahn. Erst vier Stationen später folgt nun nicht etwa Kurzenneufnach, sondern Mittelneufnach und danach dann Oberneufnach. Ein bayerisches »Bretter«-Empfangsgebäude ziert die Station, in der am 25.03.1987 815 667 und 515 644 auf Fahrgäste warten.

Während anderswo gegen Ende einer Strecke noch modernstes Fahrzeugmaterial zum Einsatz kam, war es hier umgekehrt. Am 17.02.1976 fuhr noch einer der nur 13 nagelneuen Triebwagen der Baureihe 627. Später folgten die Akkutriebwagen, und den Komfortabstieg beendeten dann die Schienenbusse. Mittelneufnach besaß eines der typischen Agenturgebäude mit überdachter Laderampe, die zu Hunderten auf bayerischen Lokalbahnen errichtet wurden.

Manche Züge endeten bereits in Mittelneufnach. Hier telefoniert der Zugführer mit dem Bahnhof Gessertshausen und holt die Genehmigung zur Rückfahrt ein. Ob das Sparpreis-Ticket für 180,— DM in Mittelneufnach wohl oft verkauft wurde?

Markt Wald ist seit 1982 Endpunkt der Strecke aus Gessertshausen. Am 25.03.1987 endet hier die Akkutriebwagen-Garnitur mit 815 667 an der Spitze.

Nach Einstellung des planmäßigen Reisezugverkehrs, der zuletzt im wesentlichen schon in Mittelneufnach endete (Markt Wald wurde nur noch von einem werktäglichen – außer samstags natürlich – Zugpaar bedient), veranstaltete der Fahrgastverband Pro Bahn noch einige Sonderfahrten mit Schienenbussen, die zumeist gut von Ausflüglern wie Eisenbahnfans frequentiert wurden. Gemeinsam mit der DB schickte Pro Bahn sogar noch zwei dampflokgeführte Nikolaus-Züge durchs Oberschwäbische, aber auch diese zusätzliche Publicity konnte das Herz der Zuständigen in DB-Zentrale wie Münchner Staatsregierung nicht erweichen.

Gleichwohl: Gänzlich stillgelegt worden ist die Staudenbahn immer noch nicht. Zwar ist das Mittelstück längst zugewuchert, aber von Ettringen nach Türkheim gibt es noch Güterverkehr, und der »Nordabschnitt« erfreute sich lange Zeit gewissermaßen höchster Protektion: bei Gumpenweiler unterhält die Bundeswehr Depots, dort war auch ein Lazarettzug stationiert (deshalb auch wurde trotz Neutrassierung der Hauptbahn in Gessertshausen der Anschluß der Nebenbahn beibehalten; siehe Kapitel »Neutrassierungen«). Zwar ist der Lazarettzug inzwischen abgezogen worden und die Depots stehen vor der Auflösung, dafür aber taten sich im Zuge der Bahnregionalisierung andere Perspektiven auf: Die Bayerische Eisenbahn-Gesellschaft (BEG), die für den Freistaat den Regionalverkehr konzeptionieren und bestellen soll, läßt noch (1996) klären, ob eine Wiederaufnahme des Personenverkehrs zwischen Gessertshausen und Markt Wald sinnvoll ist.

924 siehe Strecke 291/292
10011 siehe Strecke 125
10140 siehe Strecke 180

11031 Riffelriß - Schneefernerhaus 4 km

Daß eine Eisenbahn auf Deutschlands höchsten Berg eine Eisenbahn der Superlative sein muß, versteht sich angesichts dieser extremen topografischen Rahmenbedingungen von selbst. Die Endstation Schneefernerhaus der Zugspitzbahn liegt in 2 650 m Höhe und ist damit natürlich die höchstgelegene Bahnstation Deutschlands; auf Rang zwei folgt(e) übrigens die 1 720 m hoch gelegene Endstation der Wendelsteinbahn. Die Station Schneefernerhaus befindet sich – ebenso wie die gesamte Strecke oberhalb der 1 650 über NN liegenden Haltestelle Riffelriß – in einem Tunnel. Dieser Tunnel war mit 4466 m Länge jahrzehntelang der längste Eisenbahntunnel Deutschlands. Da er jedoch nicht in erster Linie der Durchstoßung des Gebirges diente, sondern dem Schutz der Strecke vor Schnee, Eis und Geröll, außerdem die Zugspitzbahn mit ihrer Meterspur und ihrem eindeutig vom Tourismus geprägten Betrieb nie so recht als Eisenbahn »für voll genommen« wurde, führte meistens der Kaiser-Wilhelm-Tunnel der Moselstrecke Koblenz - Trier (4 203 m) die deutschen Eisenbahntunnel-Ranglisten an.

Seit ihrer Eröffnung (Garmisch-Partenkirchen - Eibsee 19. Dezember 1929, Eibsee - Schneefernerhaus 8. Juli 1930) fand die Zugspitzbahn auch größtes Interesse bei Skifahrern, denn auf dem Zugspitzplatt ist bis in den Sommer hinein Wintersport möglich. Allerdings war es zunächst so, daß die Brettlfans von der Station Schneefernerhaus noch einige Umwege zurückzulegen hatten, ehe sie ihre Pisten erreichten. Denn die Station Schneefernerhaus war ausgerichtet auf die Seilbahn zur 2 966 m hoch gelegenen Gipfelstation, die zusammen mit der Zahnradbahn entstand und erst den eigentlichen »Höhepunkt« erschloß. Da im Laufe der Jahre die Skifahrer mehr und mehr in den Vordergrund drängten, sollte ihnen eine direkte Anbindung ans Zugspitzplatt geboten werden. Deshalb wurde in km 17,9, rund einen km vor dem Schneefernerhaus, ein Abzweig mit der neuen Endstation Zugspitzplatt geschaffen. Am **20. Dezember 1992** wurde der planmäßige Zugbetrieb an der alten Strecke ein- und tags darauf auf die neue Station umgestellt.

Ein ziemlich dunkles Gewölbe war die 1930 eröffnete Endstation Schneefernerhaus in 2650 m Höhe. Wenigstens halb hat man das Betongewölbe mit weißer Farbe gestrichen. Triebwagen 6, der 1978 von der Schweizerischen Lokomotiv- und Maschinenfabrik geliefert wurde, wartet am 30.07.1985 mit einem Steuerwagen von 1929 auf die Talfahrt.

Neben dem Personenbahnsteig gab es in Schneefernerhaus auch noch einen »Güterbahnsteig«, bei dem die Felswände nicht mit Beton verkleidet waren. Am 30.07.1985 hat E-Lok 11 eine Versorgungsfahrt gebracht (rechts).

Lange Zeit ungewiß war das Schicksal des Schneefernerhauses, eines mit der Bahn geschaffenen und ursprünglich auch dieser gehörenden Hotels, und der gleichnamigen Station. Das als Gastronomiebetrieb nicht mehr genutzte Gebäude wurde schließlich Ende 1995 von einer neuen Betreibergesellschaft übernommen (alleiniger Gesellschafter: Freistaat Bayern), die in dem traditionsreichen Gemäuer eine Umweltstation einrichtet. Zur Versorgung des Haues, aber auch für bestellte Sonderzüge wird deshalb die alte Station Schneefernerhaus weiterhin vorgehalten. Planmäßigen Betrieb dorthin wird es jedoch nicht wieder geben.

Verbindungskurven

Verbindungskurve Stralsund

Rostock Kassebohm - Abzweig Dalwitzhof

Der offenbar recht beachtliche Erfolg der 1903 eröffneten Eisenbahn-Fährverbindung Warnemünde - Gedser im benachbarten Mecklenburg (siehe KBS 180) ermutigte Preußen, 1909 von Sassnitz auf Rügen aus eine Eisenbahnfähre nach Schweden in Betrieb zu nehmen. Sassnitz hatte 1891 von Bergen aus Bahnanschluß erhalten, Bergen, heute die »Hauptstadt« des Kreises Rügen, seinerseits 1883 an Altefähr gegenüber Stralsund. Bis zur Eröffnung des Rügendamms mußte der Strelasund zwischen Stralsund und Altefähr ebenfalls mit einer Eisenbahnfähre überbrückt werden.

Eine Bahnreise von – beispielsweise – Berlin nach Schweden war also eine recht umständliche Sache. In Stralsund Hbf mußte der D-Zug kopfmachen und zum Fährbahnhof Stralsund zurückgedrückt werden, bis zu drei D-Zugwagen konnten die 83 m langen Fähren für die etwa 2,5 km messende Überfahrt nach Altefähr aufnehmen. Von Altefähr ging (und geht) es dann also auf der Schiene bis zum Bahnhof Sassnitz, dort muß ebenfalls kopfgemacht werden, ehe endlich der etwa 2 km entfernte Fährbahnhof (zu Fuß sind es nur ein paar hundert Meter) erreicht ist.

Der Verkehr zwischen Sassnitz und Trelleborg entwickelte sich überaus günstig (weit besser übrigens als der zwischen Warnemünde und Gedser), und die Deutsche Reichsbahn sah sich vor die Notwendigkeit gestellt, das zeitraubende Übersetzen zwischen Stralsund und Altefähr durch eine feste Verbindung überflüssig zu machen, um neue Kapazitäten zu schaffen. 1933 begann der Bau des insgesamt 2540 m langen Rügendamms mit der Ziegelgrabenbrücke, dabei wurden auch neue Anschlüsse an Stralsund Hbf sowie an die Hauptstrecken Stralsund - Greifswald/Neubrandenburg - Berlin geschaffen, so daß von und nach Süden verkehrende Züge ohne Berührung des Hauptbahnhofs direkt über den Damm rollen konnten. Zur Bedienung Stralsunds wurde die neue Station Stralsund-Rügendamm eingerichtet. Am 8. Oktober 1936 ging der Rügendamm in Betrieb.

Noch zu Beginn der 1990er Jahre wurde das Gros des Fernverkehrs zwischen Rügen und dem Festland über die etwa 1,5 km lange Verbindungskurve zwischen

Ein Zuglaufschild mit »Stralsund Rügendamm« im Zuglauf gibt es heute nicht mehr. Alle Züge fahren wieder Stralsund Hbf an und vermeiden die Verbindungskurve vom Rügendamm in Richtung Berlin. Der nagelneue DR-Interregio-Wagen wurde am 18.05.1993 in Greifswald aufgenommen.

An der Blockstelle Dalwitzhof bei Rostock wird die alte Friedrich-Franz-Eisenbahn von der Strecke Tessin - Rostock Hauptbahnhof überbrückt. Während heute wieder alle Reisezüge im Hintergrund die untere Strecke nach rechts zur oberen Bahn und damit zum Hauptbahnhof verlassen, fuhr bis 1992 ein Zugpaar weiter auf den unteren Gleisen, um kurz vor dem alten Friedrich-Franz-Bahnhof (siehe Kapitel Sonderverkehre) auf die Stralsunder Strecke abzuzweigen.

der Station Rügendamm und der südlichen Einfahrt in den Vorbahnhof Stralsund abgewickelt. Mit der Einbindung Stralsunds ins IR-Netz der DB blieben zuletzt nur noch der als D-Zugpaar gefahrene »Sassnitz-Expreß« Berlin - Malmö und der ebenfalls von Berlin nach Malmö rollende Saison-IR 1012 auf der Kurve. Am **27. Mai 1995**, mit Ablauf des Jahresfahrplans 1994/95, war damit Schluß, seitdem machen die Fernzüge von und nach Rügen wieder Kopf im Stralsunder Hauptbahnhof.

Die DDR-Reichsbahn hatte die Strecke Stralsund - Sassnitz als Teil der Gesamtverbindung Rostock - Sassnitz unter ihre Kursbuchnummer 950 gestellt (Stralsund - Greifswald - Berlin trug die 920). Unter just dieser Nummer fand man im Jahresfahrplan 1991/92 auch folgende Rarität: das über Stralsund verkehrende Eilzugpaar E 1411/1414 Greifswald - Schwerin fuhr nicht wie alle anderen Reisezüge den Hauptbahnhof Rostock an, sondern verließ (aus Richtung Stralsund betrachtet) die Strecke zum Hauptbahnhof bei Rostock-Kassebohm, um über ansonsten nur dem Güterverkehr dienende Gleise beim Abzweig Dalwitzhof auf die Hauptstrecke Rostock - Bad Kleinen zu treffen. Das Zugpaar fuhr nur sonn- und feiertags, zum letzten Mal also am **24. Mai 1992**.

Brandenburg-Altstadt - Göttin Rathenow - Rathenow Nord

Der Gedanke eines weit vor der Hauptstadt liegenden Verbindungsringes (siehe Berlin-Kapitel) beschäftigte auch im Westen der Mark Brandenburg über Jahre hinweg die Gemüter. Bereits 1879 entstand ein »Spezialkomitee« für einen Bahnbau von Rathenow (an der Lehrter Bahn) über Brandenburg (an der Berlin-Potsdam-Magdeburger Bahn) nach Belzig (an der »Kanonenbahn«); auch Pläne für eine Verlängerung in südlicher (Treuenbrietzen) und nördlicher Richtung (Neustadt/Dosse) wurden von diesem Komitee ausgearbeitet. Grundsätzlich hatte das zuständige Ministerium der öffentlichen Arbeiten gegen die Sache nichts einzuwenden, gleichwohl zogen sich die Gespräche und Verhandlungen über zwei Jahrzehnte hin, und erst 1901 erhielt die Firma »Bran-

Der Reisezugverkehr im Abschnitt von Rathenow nach Rathenow Nord ruht seit 25. 09. 1993 für den Schnellbahnbau. Am 21.05.1993 setzt vor dem alten Lokschuppen der Brandenburgischen Städtebahn 202 421 ans andere Ende der zweiteiligen Doppelstockgarnitur um.

Am 23. 05. 1994 befährt 202 683 aus Richtung (Belzig -) Göttin kommend die Verbindungsstrecke in Richtung Brandenburg-Altstadt. Wenige Tage später wird es nur noch Reisezüge geben, die die linke Kurve zum Brandenburger Hauptbahnhof benutzen. Zwischen beiden Gleisen im Bildvordergrund war darüberhinaus in den fünfziger Jahren eine weitere Verbindungskurve im Bau.

denburgische Städtebahn-Aktiengesellschaft« die Konzession zum Bau und Betrieb ihrer 125 km langen normalspurigen Nebenbahn von Treuenbrietzen über Belzig, Brandenburg und Rathenow nach Neustadt an der Dosse. Am 25. März 1904 schon wurde sie in ganzer Länge eröffnet.

Angesichts des ebenen Geländes waren keine größeren Kunstbauten erforderlich (erst einige Jahre nach der Eröffnung kam es zu größeren Erdbewegungen, als 1935/36 bei Göttin die Trasse wegen des Baus der Autobahn Berlin - Hannover auf einigen hundert Metern verlegt und abgesenkt wurde). Natürlich erhielt die Städtebahn ihre eigenen Bahnhöfe, gleichwohl bemühte man sich um günstigste Anschlüsse zur Staatsbahn. Recht kompliziert waren in dieser Hinsicht die Dinge in Brandenburg. Das aus Brandenburg-Altstadt – das war sozusagen der Zentralbahnhof der Städtebahn – kommende Gleis schmiegt sich in einem großen Bogen an die Magistrale Magdeburg - Berlin an und erreicht dann den Kopfbahnhof Brandenburg Neustadt, der direkt neben dem Hbf Brandenburg der Staatsbahn liegt. Von hier wurde die Städtebahn sowohl über die Hauptbahn als auch über das eben erwähnte Gleis vom Bahnhof Brandenburg-Altstadt hinweggeführt in Richtung Belzig. Durchgehende Nord-Süd-Züge mußten also in Brandenburg-Neustadt stets kopfmachen, was insbesondere den Güterverkehr stark behinderte, während im Personenverkehr der gute Anschluß an die Staatsbahn natürlich sinnvoll war.

Noch die Städtebahn-Aktiengesellschaft selbst plante ein neues Verbindungsgleis, das den Durchgangsverkehr am Bahnhof Neustadt vorbeiführte, aber erst 1955, als auch die Brandenburgische Städtebahn längst in der Reichsbahn aufgegangen war (1949), wurde es realisiert und in Betrieb genommen. Nach wie vor stand dabei der Güterverkehr, der zu DDR-Zeiten stark anwuchs, im Mittelpunkt.

Personenzüge, die den Bahnhof Brandenburg Neustadt – der seit der Auflösung der Städtebahn faktisch ein »Nebenbetrieb« des Hauptbahnhofs ist und deshalb jetzt ebenfalls unter Brandenburg Hbf firmiert – über die neue Verbindung umfuhren, blieben stets Randerscheinungen. Es gab sie bis zum **28. Mai 1994**, also dem letzten Tag des Jahresfahrplans 1993/94. Mit dem nächsten Fahrplan verkehrte nur noch ein einziger durchgehender Zug überhaupt von Belzig über Brandenburg Hbf hinaus bis Neustadt/Dosse, ehe 1995/96 der Verkehr auf der alten Städtebahn komplett gebrochen wurde: Stundentakt zwischen Brandenburg und Rathenow (KBS 206.51), Zweistundentakt zwischen Brandenburg und Belzig (206.52) sowie zwischen Neustadt und Rathenow (206.50).

Übrigens: Auch auf die Brandenburgische Städtebahn blieb der Schnellbahnbau Berlin - Hannover nicht ohne Auswirkungen. Da im Bahnhof Rathenow 1995 fast alle Ferngleise entfernt wurden und sämtliche Über- und Unterführungen zu verschwinden hatten, mußte das Städtebahn-Teilstück Richtung Neustadt/Dosse (KBS 206.50) auf etwa 3 km im Abschnitt Rathenow - Rathenow Nord gesperrt werden; offiziell soll es jedoch mit Fortschreiten der Arbeiten an den Ferngleisen, die 1998 abgeschlossen sein werden, wieder in Betrieb gehen.

Kurve 200 in Altenbeken

Die Drehung der Verkehrsströme nach dem Zweiten Weltkrieg, eine Folge der Teilung Deutschlands, zwang die Deutsche Bundesbahn, für den anschwellenden Nord-Süd-Verkehr auch solche Strecken zu aktivieren, die zuvor im wesentlichen eher regionale Bedeutung gehabt hatten. Das trifft ganz besonders auf die 1872 in mehreren Abschnitten eröffnete Hannover-Altenbekener Eisenbahn (HAE) zu. In Verbindung mit der traditionsreichen Hauptstrecke (Hamm -) Altenbeken - Kassel (durchgehend befahrbar seit 1853) konnte so eine Entlastungslinie für die überforderte Leinetalbahn Hannover - Eichenberg - Kassel geschaffen werden, auf der das Gros des Nord-Süd-Verkehrs abgewickelt werden mußte (entsprechendes gilt hier und im folgenden natürlich sinngemäß auch für die Gegenrichtung).

Die Entfernung Hannover - Kassel ist über Altenbeken 28 km länger und erheblich steigungsreicher als über Eichenberg. Hinzu kam, daß die über Altenbeken fahrenden Nord-Süd-Züge in Altenbeken kopfmachen mußten. Bis Ende 1957 wuchs die Zahl der durchs Eggegebirge »planmäßig umgeleiteten« Güterzüge auf einen Tageshöchstwert von 52 an. Der Lokwechsel in Altenbeken fand entweder auf den Durchgangsgleisen der Richtung Kassel - Hamm statt, oder – in Gegenrichtung – nach Kreuzung dieser Durchgangsgleise. Man kann sich leicht ausmalen, welche betrieblichen Belastungen das für die auf derartige Verkehre überhaupt nicht ausgerichtete Südseite des Bahnhofs Altenbeken

Eine Meßwagen-Einheit der Baureihe 725/726 befährt im Oktober 1994 aus Richtung Kassel kommend die Verbindungskurve in Richtung Hameln bzw. Herford. Von dem im Bild vorne sichtbaren Wagentyp wurden fünf als Gleismeßwagen der Baureihe 726 und einer als Salonwagen für den Präsidenten von Gabun geliefert. Die Gleise nach links führen in den Bahnhof Altenbeken.

bedeutete. Damit der »Umleitungsverkehr« nicht an dieser Problematik scheiterte, mußte nun für den Bahnhof selbst eine Umfahrungskurve hergestellt werden. Diese etwa 1 km lange »Kurve 200« wurde am 1. Juni 1958 in Betrieb genommen. Direkt hinter dem Westportal des zweigleisigen Rehberg-Tunnels (er markiert quasi das nordöstliche Ende des Bahnhofs Altenbeken), durch den die Strecken von Altenbeken nach Hannover und Ottbergen führen, schwenkt die eingleisige »Kurve 200« nach Süden ein und erreicht nach etwa einem Kilometer die Gleise nach Kassel. Mit ihrer Fertigstellung entfiel endlich das lästige Kopfmachen in Altenbeken.

Diese Umgehungskurve war natürlich in erster Linie für den Güterverkehr konzipiert worden, schließlich macht sie ja um den nicht unbedeutenden Reiseverkehrs-Knoten Altenbeken im Wortsinne einen großen Bogen. Nach und nach fanden aber auch einige Fernreisezüge der Relation Hannover - Kassel den Weg durchs Eggegebirge, auch sie nahmen die »Kurve 200«. Ab 1972 waren es sogar je ein Tages- und ein Nachtschnellzugpaar Bremerhaven - Frankfurt/M - Basel bzw. Westerland - Basel, letzteres sogar mit Kurswagen an die Cote d'Azur. Dieser Nachtzug, inzwischen in den Rang eines Eurocity erhoben, schien auch das Ende der Reiseverkehrs-Epoche über die Umgehungskurve zu begleiten, nachdem infolge der Eröffnung der ersten Abschnitte der Neubaustrecke Hannover - Würzburg die Tagesschnellzüge bereits 1988 wieder aus dem Eggegebirge zurückgezogen worden waren. Mit Ablauf des Winterfahrplans 1990/91 fuhr dieser Eurocity 471 hier zum letzten Mal (nur noch in Richtung Süden über Altenbeken, in Gegenrichtung rollte er durchs Leinetal). Sein Name übrigens war »Komet«, quasi in Erinnerung an den legendären Nachtgliederzug, der 1954 seinen Dienst aufgenommen hatte und ebenfalls durch Altenbeken gerollt war – allerdings noch nicht über die Kurve.

Aber mit dem »Komet« war die Geschichte des Reiseverkehrs auf der »Kurve 200« dann doch noch nicht zu Ende, noch einmal mußte sie für planmäßige Umleitungen herhalten. Diesmal war der Anlaß der Schnellausbau der Strecke Paderborn - Soest im Fahrplanjahr 1993/94, während dessen diese Linie komplett gesperrt war. Dabei wurden die Interregio-Zugpaare zwischen Hamm und Kassel über die Sennebahn Paderborn - Bielefeld und über die Magistrale Bielefeld - Hamm umgeleitet. Der nur in der Nacht zum Montag verkehrende D 1956

Chemnitz - Köln jedoch fuhr über die »Kurve 200« in Richtung Hannover, zweigte dann in Himmighausen von der HAE nach Herford ab (Kursbuchstrecke 405), um von dort nach dem Lokwechsel seine Fahrt über die Köln-Mindener-Bahn in Richtung Hamm fortzusetzen. Am Montag, **23. Mai 1994** fuhr der D 1956, dessen Hauptzweck offensichtlich darin bestanden hatte, ostdeutsche Bürgerinnen und Bürger zu ihren Arbeitsplätzen im Westen zu bringen, zum letzten Mal; nicht nur zum letzten Mal über die »Kurve 200«, sondern zum letzten Mal überhaupt. Die Ost-Fahrgäste mit West-Job hatten offenbar inzwischen genug Geld für ein eigenes Auto angespart.

Verbindungskurven Osnabrück Hbf

Mit dem Bahnhof Potsdam-Pirschheide haben wir im Berlin-Kapitel bereits ein Exemplar der raren Gattung der Turmbahnhöfe kennengelernt. Der größte aller dieser Turmbahnhöfe in Deutschland ist (bis zur Eröffnung des neuen »Lehrter Bahnhofs« in Berlin) der Hauptbahnhof Osnabrück. Hier kreuzt – obenliegend – die »Rollbahn« Ruhrgebiet - Münster - Bremen - Hamburg die alte »Hannoversche Westbahn« (Hannover -) Löhne - Rheine - Bad Bentheim/Amsterdam. Ein ganzes Flechtwerk von Verbindungskurven verknüpft die beiden zweigleisigen Magistralen und bietet vielfältigste Betriebsmöglichkeiten, auf die hier nur in kleinster Auswahl eingegangen werden kann.

Wir haben es jetzt mit derjenigen Kurve zu tun, die von den oberen Gleisen nördlich der »Westbahn« und östlich der »Rollbahn« durch den Stadtteil Schinkel (daher ihr Name »Schinkelkurve«) hinunterführt und sich dann verzweigt in die Fahrtrichtungen Löhne/Hannover (dieser Zweig der Schinkelkurve heißt »Löhner Kurve«) und Bad Bentheim/Amsterdam (= »Stahlwerkskurve«) und in dieser Relation also auch noch einmal durch den unteren Bahnhofsteil führt. Die Löhner Kurve (sie mißt zusammen mit der Stahlwerkskurve und der Schinkelkurve 4,4 km und wurde mit diesen am 1. Oktober 1908

In Osnabrück an der Unterführung des Boltenwegs geht die Schinkelkurve (hinten) in die Stahlwerkskurve (links) und die Löhner Kurve (rechts) über. Am 28.05.1992 fuhren auf allen drei Abschnitten noch einige Reisezüge. Früher hielten die Züge, die Schinkel- und Stahlwerkskurve benutzten, sogar zweimal in Osnabrück Hbf. Wie wurde eine solche Fahrt wohl tariflich abgerechnet?

Von rechts nähert sich in scharfem Bogen (Höchstgeschwindigkeit 60 km/h) die Löhner Kurve der Hauptstrecke Osnabrück - Löhne - Hannover. Wie der Name der Kurve schon vermuten läßt, befindet sich auch der Nahverkehrszug mit 141 328 an der Spitze am 28.05.1992 auf der Fahrt in Richtung Löhne.

in Betrieb genommen) wurde planmäßig am **28. Mai 1994** letztmalig vom D-Zug-Paar 2540/41 Münster - Osnabrück - Hannover befahren.

Die Stahlwerkskurve wurde in den letzten Jahren planmäßig noch von zwei Zugpaaren genutzt, nämlich dem »Skandinavien-Holland-Expreß« sowie dem D-Zugpaar D 1838/1839, das für Bundeswehr-Wochenendurlauber Mönchengladbach via Ruhrgebiet mit Wilhelmshaven verknüpfte. Am **26. Mai 1995** fuhr es zum letzten Mal. Der erwähnte »Skandinavien-Holland-Expreß« wurde 1991 durch den bis zum Ablauf des Sommerfahrplans 1996 eingesetzten »Nord-West-Expreß« Kopenhagen - Amsterdam ersetzt, der jedoch im Gegensatz zu seinem Vorläufer weder im unteren noch im oberen Teil des Osnabrücker Hauptbahnhofs hielt, sondern dessen Bahnsteige über die sogenannte »Kluskurve« in unmittelbarer Bahnhofsnähe umfuhr; er wird also im nächsten Band unserer Buchreihe nochmals zu erwähnen sein, falls er bis zum Jahr 2000 keinen Nachfolger gefunden haben sollte.

Verbindungskurve Delitzsch

Einen »Beinahe-Turmbahnhof« hat die nordsächsische Kreisstadt Delitzsch aufzuweisen (es ist kein »echter« Turmbahnhof, weil die Bahnsteige nicht direkt übereinander, sondern etwa 800 m auseinander liegen). Hier kreuzen sich die Magistrale Magdeburg/Berlin - Dessau - Bitterfeld - Leipzig der Anhalter Bahn und die ebenfalls zweigleisige Hauptbahn Halle - Eilenburg. Praktisch während des gesamten Fahrplanjahres 1994/95 wurde an der Hauptstrecke Bitterfeld - Halle (Teilstück der Magistrale Berlin - Leipzig/Halle) mit Hochdruck gearbeitet. Alle Reisezüge zwischen Bitterfeld und Halle, für die kein Schienenersatzverkehr möglich oder sinnvoll war, wurden deshalb vom 24. Juli 1994 bis **27. Mai 1995** über Delitzsch umgeleitet. Sie benutzten die am 30. Juni 1872 zusammen mit der Strecke Halle - Eilenburg (hochliegend) in Betrieb genommene Verbindungskurve zur Anhalter Bahn (tiefliegend). Danach war es auf dieser Kurve mit der Zeit des planmäßigen Personenverkehrs wieder vorbei.

Am 11.10.1994 zwängt sich der Interregio nach Halle durch die enge Kurve beim Bahnhof Delitzsch unterer Bahnhof. Durch die Umleiter-Züge ist der Verkehr hier so angeschwollen, daß sogar eigens eine Schrankenanlage an der Verbindungskurve errichtet werden mußte.

Röderau - Abzw. Zeithain Bogendreieck

Anfang der 90er Jahre begann auch bei der Deutschen Reichsbahn auf immer mehr Strecken die Systematisierung des Regionalverkehrs. Zwar waren landesweite Integrale Taktfahrpläne damals noch in weiter Ferne, gleichwohl sollte durch eine Vertaktung der Abfahrzeiten und eine Angleichung der Zugläufe den Fahrgästen mehr Übersichtlichkeit geboten werden. Diesen Bestrebungen fiel auch das Eilzugpaar E 944/947 Dresden - Falkenberg/Elster - Dessau zum Opfer. Als einziges planmäßiges Reisezugpaar überhaupt nutzte es die Verbindungskurve zwischen Röderau (an der Strecke Riesa - Falkenberg) und der Strecke (Leipzig -) Riesa - Dresden, umfuhr also den Bahnhof Riesa. Die Kurve war am 1. Oktober 1848 gemeinsam mit der Strecke Riesa - Falkenberg (- Jüterbog) von der Berlin-Anhaltischen Eisenbahngesellschaft in Betrieb genommen worden und ist damit eine der ältesten in diesem Buch besprochenen Routen überhaupt. Das »Aus« im planmäßigen Personenverkehr kam nach 144 Jahren: Am **29. Mai 1992** fuhr das erwähnte Eilzugpaar zum letzten Mal.

Pegau Ost - Abzweig Zauschwitz

Hier geht es um die Umgestaltung und Systematisierung des Schienenverkehrsangebots zwischen Neukieritzsch und Leipzig via Pegau. Bis einschließlich **30. Mai 1992** gab es dabei (aus Richtung Neukieritzsch betrachtet) unter der damaligen Kursbuchnummer 511 diese Möglichkeiten: Entweder fuhr man bis zum Bahnhof Pegau und stieg dort in die Züge der damaligen KBS 530 Zeitz - Leipzig um, oder man nahm einen Zug, der nach Halt in der Station Pegau Ost unter Umgehung des (in Richtung Zeitz liegenden) Bahnhofs Pegau die Verbindungskurve in Richtung Leipzig befuhr, dann am Abzweig Zauschwitz die KBS 530 erreichte und auf dieser die Messestadt ansteuerte.

Alte Gemäuer, Schuppen und Wasserturm kennzeichnen den Trennungsbahnhof Röderau. Am 02. 03. 1994 steht die V 60 im Hintergrund auf den Hauptgleisen von Falkenberg nach Riesa. Die Wartungsarbeiten an der Weiche im Vordergrund finden hingegen im Verbindungsgleis zum Abzweig Zeithain Bogendreieck statt. Dort wiederum verzweigen sich die Strecken in Richtung Dresden und Elsterwerda.

Letztgenannte Möglichkeit gibt es nicht mehr. Seit dem Fahrplanjahr 1992/93 wird unter der Nummer 532 (bzw. zunächst 539) nämlich durchgehender Verkehr Leipzig - Zeitz (- Saalfeld/Gera) einerseits sowie Pegau - Neukieritzsch (- Borna) andererseits angeboten, der Direktverkehr über die 1 km kurze Verbindungskurve gleichzeitig eingestellt.

Behelfskurve zum »Hp Muldebrücke«

Im Sommer 1995 stand auf der Muldentalbahn Glauchau - Großbothen die Erneuerung einer kleinen Brücke bei Großbothen an, so daß die Züge der KBS 529 den Bahnhof Großbothen nicht anfahren konnten. Um Busersatzverkehr zu vermeiden, wurden die Glauchauer Züge über eine kurz vor der Brücke abzweigende Verbindungskurve, die einst aus militärstrategischen Gründen für die Truppen des Warschauer Paktes angelegt worden war, bis auf wenige Meter an die KBS 506 Leipzig - Großbothen - Döbeln - Dresden herangeführt; eine Gleisverbindung gab es jedoch nicht, da die entsprechende Weiche schon zuvor ausgebaut worden war. Zwischen dem Kurvenende und der KBS 506 wurde der provisorische Haltepunkt Muldebrücke eingerichtet, an dem die Reisenden in die Züge der Linie Leipzig - Döbeln umsteigen mußten. Bis zum **31. August 1995**, dann konnte wieder der direkte Weg genommen werden, die Kurve versank erneut in Bedeutungslosigkeit.

Verbindungskurve Probstzella

Der Bahnhof Probstzella am nordöstlichen Fuß des Frankenwaldes schien im Jahre 1939 mit der Elektrifizierung des Abschnitts Saalfeld - Nürnberg der Magistrale Berlin - München seine »aufregendsten« Zeiten schon hinter sich gebracht zu haben. Mit der Aufnahme des elektrischen Betriebs wurden bei den meisten Fernzügen in Probstzella Zwischenstopp und Ansetzen der

Am 29.05.1995 treffen sich am Haltepunkt Muldebrücke bei Großbothen die 202 374 mit alten DB-Schnellzugwagen und der Zubringer-Triebwagen 628 581 aus Rochlitz. Der Triebwagen nutzt dabei eine strategische Kurve, mit der man früher z. B. von Gera nach Dresden fahren konnte, ohne die Knoten Chemnitz, Leipzig oder Riesa zu belasten.

Über 27 Jahre lang hielten auf dem linken Gleis dieses Bahnhofs mit dem schlichten Namen Probstzella die Reisezüge von Saalfeld in Richtung Sonneberg. Nur wenigen Reisenden zwischen 1964 und 1989 wird überhaupt bewußt gewesen sein, daß es noch einen weiteren, schwerbewachten Bahnhof mit dem gleichen Namen gegeben hat. Der Güterzug, den am 04.01.1992 die in Rumänien Diesellok 219 013 durch Probstzella zieht, kommt gerade aus dem anderen Probstzella. Heute fahren hier ohne Halt die Reisezüge Probstzella - Sonneberg vorbei. Hoffentlich noch lange … .

Schiebelok für die Fahrt über den Frankenwald bis Pressig-Rothenkirchen überflüssig. Die Bedeutung des Bahnhofs und des berühmten Bahnbetriebswerkes lag nun in erster Linie in der Bedienung der 1898 bis 1913 gebauten eingleisigen Steilstrecke über den Rennsteig in Richtung Lauscha.

Aber es kam bekanntlich so ziemlich alles ganz anders. Zwar konnte nach dem Zweiten Weltkrieg recht früh der elektrische Betrieb auf der Saaletalbahn wieder aufgenommen werden (im Dezember 1945), doch schon im März 1946 wurde die Fahrleitung wieder abgeklemmt, anschließend bis zur neuen Grenze demontiert und – ebenso wie das zweite Streckengleis – in die UdSSR verfrachtet; 1950 wurde auf Rechnung der DB der Abschnitt Probstzella - Grenze wieder elektrifiziert. Probstzella, nur wenige hundert Meter östlich der Grenze zu Bayern gelegen, wurde 1949 zur Grenzübergangsstelle.

Weit gravierendere Auswirkungen als das Umspannen hatten für den Bahnbetrieb aber die quälenden Kontrollprozeduren, denen die DDR-Gewaltigen alle ein-, vor allem aber ausfahrenden Züge unterwarf. Das forderte im Bahnhof Probstzella Raum und Zeit und ließ es angeraten erscheinen, das Auftauchen »ganz normaler Reisender« im DDR-Binnenverkehr auf ein Minimum zu reduzieren. Abgesehen davon machte sich grundsätzlich schon jeder DDR-Bürger verdächtig, der sich in unmittelbarer Grenznähe aufhielt, aber nicht dort wohnte.

Für Reisende vom und zum Rennsteig, die zum allergrößten Teil Probstzella sowieso nur als Umsteigebahnhof für die Fahrt nach Saalfeld oder Rudolstadt benutzten, war mithin im Bahnhof kein Platz mehr. Deshalb wurde zum 27. Mai 1962, knapp ein Jahr nach dem Bau der Berliner Mauer, eine 347 m lange Verbindungskurve an die Strecke nach Lauscha in Betrieb genommen, die ein direktes Befahren der Rennsteigbahn von und nach Saalfeld ermöglichte, also den Bahnhof Probstzella westlich liegen ließ. Für alle, die nun doch unbedingt nach Probstzella wollten oder mußten, wurde an dieser Kurve ein Haltepunkt eingerichtet.

Mit dem Fall der innerdeutschen Grenze gab es für die Beibehaltung der »Umfahrung Probstzella« keinen zwingenden Grund mehr. Schrittweise wurde der Verkehr wieder auf den alten Weg gelegt, und am **30. Mai 1992** befuhr letztmalig ein planmäßiger Reisezug (der N 18006 von Sonneberg über Lauscha nach Saalfeld) die Kurve. Inzwischen ist der Verkehr zwischen Rennsteig und Saaletal weiter »umstrukturiert« worden. Die meisten Züge enden oder beginnen in Probstzella, dort heißt es »Umsteigen« für Reisende von und nach Saalfeld.

Fazit: In Probstzella haben sich gewissermaßen die alten Verhältnisse wieder etabliert. Denn seit dem 28. Mai 1995 wird auch östlich von Probstzella bekanntlich wieder elektrisch gefahren.

Neutrassierungen

In diesem Abschnitt geht es um Strecken, die im Berichtszeitraum ganz oder teilweise Neutrassierungen unterzogen wurden. Solche Neutrassierungen haben in unserem Buch natürlich nur Platz, wenn sie auch tatsächlich nennenswerten Umfang hatten; anders ausgedrückt: wenn nennenswerte ältere Abschnitte stillgelegt wurden.

Daß eine Abgrenzung angesichts der zahllosen Linienverbesserungen, die 1991-1995 insbesondere bei den Ost-West-Strecken sowie im Zuge der Modernisierung des Streckennetzes der neuen Bundesländer vorgenommen wurden (und weiterhin werden), recht problematisch sein muß, war den Autoren durchaus bewußt. Nehmen wir als Beispiel die Sperrung der zweigleisigen elektrifizierten Hauptbahn Paderborn - Soest im Fahrplanjahr 1993/94. Am 22. Mai 1993 fuhr hier der letzte Reisezug, pünktlich am 29. Mai 1994 wurde der Betrieb wieder aufgenommen. Die Streckenmodernisierung mit dem Ziel, auch Tempo 200 fahren zu können (was allerdings angesichts zahlreicher Bahnübergänge und noch fehlender LZB vorerst nicht umgesetzt werden wird), erforderte auch einige kleinere Korrekturen der Trassenführung, die Bahnreisenden jedoch nicht auffallen werden. Was mit dem Fernreiseverkehr im Jahr der Streckensperrung geschah, ist übrigens im Kapitel »Verbindungskurven« nachzulesen.

Der Personenfernverkehr zwischen Paderborn und Soest wird seit Jahren von Interregios getragen, die zwischen dem Rhein-Ruhr-Gebiet und Erfurt/Chemnitz verkehren. Diese Züge bewegen sich auch rund 200 km weiter östlich bei Gotha auf neuer Trasse. Hier geschah folgendes: Beim Bau der Thüringischen Eisenbahn (in diesem Abschnitt eröffnet am 24. Juni 1847) ergab sich die Notwendigkeit, den aus dem 14. Jahrhundert stam-

Am 27. Januar 1995 rauscht der IC von Dresden nach Saarbrücken bereits über die neuen Gleise am Leinakanal. Im Hintergrund der Aquädukt und das Stellwerk der alten Trasse.

Am 27.10.1991 ist der Hetzdorfer Viadukt über das Flöhatal noch voll in Betrieb, wenn man davon absieht, daß die Leistungsfähigkeit der Magistrale Dresden - Chemnitz durch die auf der Brücke notwendige Langsamfahrstelle erheblich eingeschränkt wird.

menden Leinakanal mittels eines Aquäduktes über die Gleise hinwegzuführen. Als nun zu Beginn der 90er Jahre die Modernisierung und Elektrifizierung der Magistrale Bebra - Erfurt anstand, entschied man sich, in diesem Bereich der (nun aufgelassenen) **Blockstelle Leinakanal** die Trasse auf etwa 2 km Länge nach Norden zu verschwenken; Kanal und Aquädukt stehen unter Denkmalschutz, konnten also nicht einfach entfernt werden, abgesehen davon erforderte der Ausbau der Strecke für 200 km/h eine Änderung der Kurvenradien. Zunächst wurde am 27. November 1994 das Richtungsgleis Gotha - Eisenach stillgelegt. Am **4. Dezember 1994** folgte das Gegengleis, der Gesamtverkehr wurde damit endgültig auf die neue Trasse verlagert. Anschließend begann der Abbau der alten Gleise. Das Baudenkmal Leinakanal-Aquädukt steht nun also ohne die Eisenbahn, der es seine Entstehung verdankt, in der Landschaft.

Unsere Reise geht noch weiter in Richtung Osten. Zu berichten ist jetzt von der Neutrassierung der »Sachsenmagistrale« Chemnitz - Dresden im Bereich des **Hetzdorfer Viaduktes**. Die hier am 1. März 1869 in Betrieb genommene Strecke wurde durch einen 2 km langen Neubauabschnitt ersetzt, der den alten Weg um genau 966 m abkürzt. Die Abkürzung wurde teuer erkauft: war seinerzeit durch eine krümmungsreiche Trassenführung bei Hetzdorf nur ein Viadukt notwendig gewesen (das 326 m lange Bauwerk war mit 41,6 m der höchste eintagige Viadukt Deutschlands; infolge mangelnder Wartung und ständiger Überlastung konnte er zuletzt nur noch mit 20 km/h befahren werden), so mußten nun zwei 344 m lange Spannbetonbrücken mit 35 bzw. 37 m Höhe errichtet werden. Am **12. Mai 1992** wurde der Neubauabschnitt in Betrieb genommen, am gleichen Tag endete der Betrieb über die alte Strecke.

Ebenfalls am 1992 wurde in Schwaben eine moderne Neubaustrecke in Betrieb genommen. Gemeint ist die Begradigung der alten bayerischen »Maximiliansbahn« Augsburg - Ulm im Bereich **Gessertshausen**. Der alte Bahnhof dieses Ortes konnte nur mit maximal 120 km/h durchfahren werden, handbediente Schran-

Bei Lutum überholt der Triebwagen 624 620 (links) aus Rheine am 17.09.1984 den 624 602 aus Münster. Beide fahren die letzten Kilometer nach Coesfeld parallel. Heute ist zwar die Strecke Rheine - Coesfeld stillgelegt, aber auf ihrem Gleis fahren nun ab Lutum die Züge von und nach Münster, wohingegen das rechte Münsteraner Gleis nicht mehr befahren wird.

ken machten einen Bahnübergang an der dichtbelegten Strecke zu einem Gefahrenherd (tatsächlich kollidierte hier noch am 22. Septemer 1991 ein ICE mit einem Pkw). Die neue Trasse mitsamt dem neuen Bahnhof Gessertshausen wurde am 26. September 1992 feierlich eröffnet. In der Praxis jedoch war die alte Trasse bereits im **Juni 1992** stillgelegt und durch die neue ersetzt worden. (Foto siehe KBS 907, Seite 173).

Erheblichen Korrekturen unterworfen wurde auch die Trassierung der Nebenbahn **Oebisfelde - Salzwedel**. Östlich von Oebisfelde überquert die neue Hochgeschwindigkeitsstrecke Hannover - Berlin die alte Stammroute und liegt fortan bis Staffelde südlich neben dieser. Die alte Trasse der Nebenbahn nach Salzwedel durchquerte im Bereich des Oebisfelder Kreuzungsbauwerks die Trasse der Schnellfahrgleise und wurde deshalb in einer großen S-Kurve auf insgesamt 3 km Länge so verlegt, daß sie nun unmittelbar östlich der Kreuzung in die Stammstrecke einmündet und mit dieser in den Bahnhof Oebisfelde führt. Mit Ende des Jahresfahrplans 1994/95 am **27. Mai 1995** wurde die alte Trasse offiziell außer Betrieb gesetzt, von nächsten Tag an verkürzte sich die Fahrzeit planmäßig um immerhin eine Minute.

Eine recht ungewöhnliche Neutrassierung widerfuhr im Laufe des Jahres **1994** der Kursbuchstrecke 408 Münster - Coesfeld (eröffnet zwischen Coesfeld und Billerbeck am 1. März 1908). Auf dem Abschnitt **Coesfeld - Lutum** lag diese bekanntlich direkt neben der Strecke Coesfeld - Rheine, auf der bereits 1984 der Personenverkehr eingestellt worden ist (siehe »Abschied von der Schiene« Band I). Als nun 1994 eine Überarbeitung des Oberbaus der KBS 408 anstand, wurde kurzerhand das Rheiner Gleis erneuert und anschließend der Verkehr auf dieses verlagert.

Einer der interessantesten Fälle von Neutrassierung und Neubau der letzten Jahre spielte sich im ehemals deutsch-deutschen Grenzgebiet am Rande des Nordharzes ab. Es geht um die neue Schienenverbindung zwischen **Vienenburg und Ilsenburg** (KBS 324), welche

Ganz so schnell wie die Autos ist die 202 529 am Silvestertag 1993 nicht, als sie vom alten Bahnhof Stapelburg ihre Rückfahrt Richtung Wernigerode antritt. Heute ist hier alles abgebaut, denn die Strecke führt auf neuer Trasse über den neuen Haltepunkt von Stapelburg nach Vienenburg.

die am 1. Oktober 1894 eröffnete Nebenbahn Bad Harzburg - Ilsenburg ersetzt. Diese nämlich war 1945 getrennt worden, 1973 legte die DB das westliche Teilstück (es reichte bis kurz hinter den Bahnhof Eckertal) still, die DR fuhr auf der anderen Seite nur noch bis zum Bahnhof Stapelburg. Mit der Wiedervereinigung der beiden deutschen Staaten entbrannte eine lange Diskussion, ob diese Nebenbahn reaktiviert werden sollte, oder ob es nicht klüger sei, von Vienenburg aus eine neue Verbindung nach Ilsenburg zu schaffen, die bei Vienenburg die Trasse der alten Hauptbahn nach Halberstadt (ebenfalls 1945 geteilt und anschließend teilweise stillgelegt) sowie ab Stapelburg die Nebenbahntrasse mitbenutzen sollte; die Lücke dazwischen wäre in diesem Falle durch einen gut 8 km langen Neubauabschnitt zu schließen gewesen. Man entschied sich mit Rücksicht auf den Fern- und Güterverkehr für letztgenannte Lösung. Am **12. April 1995** wurde der alte **Bahnhof Stapelburg** stillgelegt (er lag am nicht mehr benötigten Teilstück), gleichzeitig begann der Neubau bzw. Wiederaufbau der heutigen Trasse. Am 2. Juni 1996 ging die neue Verbindung Ilsenburg - Vienenburg in Betrieb, Stapelburg erhielt an dieser einen modernen Haltepunkt.

Ein Sprung nach Süddeutschland: Im **Hauptbahnhof Ingolstadt** kreuzen sich die Magistrale Treuchtlingen - München und die eingleisige elektrifizierte Donautalbahn Regensburg - Donauwörth - Ulm, zudem beginnt hier die nicht elektrifizierte eingleisige Hauptbahn nach Augsburg. Obwohl mit dem Bau der Donautalbahn (zwischen Ingolstadt und Donauwörth eröffnet am 15. August 1874) und der Strecke nach Augsburg (15. Mai 1875) der zunächst nur provisorisch angelegte Ingolstädter Bahnhof (entstanden mit der Strecke München - Treuchtlingen 1869/70) aufgelassen wurde und praktisch »auf der grünen Wiese« vor der Stadt ein gemeinsamer neuer gebaut worden war (1876 ging er in Betrieb), holte das Wachstum der Stadt die Bahnanlagen bald ein. Das mag dem Hauptbahnhof selbst durchaus zum Vorteil gereicht haben. Als sehr hinderlich erwiesen sich aber die Streckenführungen in Richtung Augsburg und Donauwörth. Dem innerstädtischen Verkehr waren sie bald ein arges Hemmnis, der DB zudem ein beachtlicher Kostenfaktor, denn hier waren insgesamt 15 – zumeist wärterbediente – Bahnübergänge zu unterhalten. Eine Herausnahme der Strecken aus dem inneren Stadtbereich lag also im

Neben dem Bahnwärterhaus bei Zuchering verläuft durch die Bildmitte die am 03.04.1996 bereits abgeräumte Trasse von Augsburg nach Ingolstadt, die nunmehr wie am rechten Bildrand sichtbar eine neue Linienführung erhalten hat. Hinter dem Bahnwärterhaus wird die neue Strecke aus Donauwörth quer über die alte Trasse in die neue Augsburger Strecke eingefädelt. Im Gegensatz zur Strecke Augsburg - Ingolstadt ist die Strecke Donauwörth - Ingolstadt elektrifiziert.

Interesse sowohl der Kommune als auch der DB. Man wählte eine recht teure (180 Mio. Mark) und großzügige Lösung. Für die Strecken nach Donauwörth und Augsburg wurde eine mit zwei Gleisen ausgerüstete neue Trasse bis zum ebenfalls neuen Betriebsbahnhof Seehof im Süden der Stadt geschaffen, wo sich die beiden eingleisigen Linien trennen. Das westliche Gleis der neuen Trasse dient vor allem den zwischen Augsburg bzw. Donauwörth und Ingolstadt pendelnden Zügen, das östliche, das über die Gleise der Münchner Strecke hinweg ebenfalls in den Hauptbahnhof führt, ist für die durchgehenden Reisezüge der Donautalbahn sowie deren Güterverkehr konzipiert worden. Die ursprünglichen Trassen Ingolstadt - Zuchering (KBS 983, 5 km) und Ingolstadt - Weichering (KBS 993, 8 km, mit Zwischenstation Haunwöhr Bbf) wurden noch bis zum **12.** bzw. **26. Mai 1995** benutzt, dann ging der Verkehr auf die neuen über und der Abbau der alten begann. Die neue Streckenführung hat aber auch Nachteile. Ursprünglich war nämlich die Donautalbahn so angelegt worden, daß durchgehender Verkehr ohne Kopfmachen in Ingolstadt möglich war. Heute müssen also einige Reisezüge sowie die Durchgangsgüterzüge im Hauptbahnhof die Fahrtrichtung wechseln. Gegenüber den alten Übeln ist dieses jedoch das weit kleinere. Fahrtrichtungswechsel ist mit modernen Wendezügen kein großes Problem, und die Güterzüge verlieren dadurch letztendlich wohl weniger Zeit als durch das früher notwendige Kreuzen der dicht belegten Magistrale München - Treuchtlingen.

Zum Abschluß des Themas Neutrassierungen haben wir es mit einer sogenannten Privatbahn zu tun, nämlich der Alsternordbahn der AKN Eisenbahn AG (früher: Eisenbahn-Gesellschaft Altona-Kaltenkirchen-Neumünster). Die Alsternordbahn ist am 29. September 1996 um das 3 km lange Teilstück **Garstedt - Norderstedt Mitte** kürzer geworden, denn hier hat die Hamburger U-Bahn den Betrieb übernommen. Da diese U-Bahn auf der alten AKN-Trasse gebaut wurde, gleichzeitig aber der AKN-Betrieb nicht eingestellt werden sollte, wurde die am 8. September 1884 von der Altona-Kaltenkirchener Eisenbahngesellschaft eröffnete Strecke im Baubereich ab **September 1991** in mehreren Schritten stillgelegt und demontiert und gleich nebenan auf einer provisorischen Ersatztrasse wieder in Betrieb genommen. Am

Noch sehr spartanisch sieht es am 10.01.1992 im Haltepunkt Richtweg der Alsternordbahn aus, als VS 2.53 aus Garstedt dort einläuft. Zwischenzeitlich gab es einen neuen, nicht viel aufwendigeren Bahnhof an der neuen provisorischen Trasse Garstedt - Norderstedt Mitte, und auch die ist inzwischen schon wieder durch eine U-Bahn ersetzt. Wir werden diesem Abschnitt also im nächsten Band wieder begegnen. Der MAN-Steuerwagen läuft im übrigen heute auf DB-Strecken in Sachsen-Anhalt als 971 901.

eingangs erwähnten 29. September 1996 also konnte auch die Ersatztrasse aufgegeben werden. Seit diesem Tag enden die Züge der modernisierten und inzwischen zweigleisigen Alsternordbahn im neuen Bahnhof Norderstedt Mitte und bieten dort direkten Anschluß ans nunmehr genau 100 km messende Hamburger U-Bahn-System.

Werk- und Sonderverkehre

Und sie fuhren doch noch - die Züge zwischen dem Nürnberger Hauptbahnhof und dem Bahnhof Nürnberg Rbf Ausfahrt (KBS 895). Zwar war schon in »Abschied von der Schiene II« das Ende des planmäßigen Schienenpersonenverkehrs auf der 9 km messenden Teilstrecke **Nürnberg-Dutzendteich - Nürnberg Rangierbahnhof Ausfahrt** verkündet worden, und tatsächlich verschwand das Zugangebot auch zum 26. September 1987 aus den Kursbüchern. Aber auch nach Inkrafttreten des Winterfahrplans 1987/88 gab es der Personenbeförderung dienende und regelmäßig verkehrende Züge zwischen den beiden genannten Stationen. Allerdings handelte es sich hier offiziell um Dienst-Personenverkehr, der auch zur öffentlichen Nutzung freigegeben war. Einigen DB-Beschäftigten im Bahnknoten Nürnberg mit seinen zahlreichen Betriebsstellen wird ein solches Zugangebot wohl durchaus entgegengekommen sein, inwieweit die öffentliche Nutzung aber eine beachtliche war, entzieht sich der Kenntnis der Autoren. Denn schließlich war ja durch den Ausbau des U-Bahn-Netzes sowie durch die Straßenbahn der Süden Nürnbergs längst weit besser erschlossen als durch die wenigen Personenzüge auf dem südlichen Güterzugring, der um die Jahrhundertwende zusammen mit dem riesigen Rangierbahnhof entstanden war (zwischen Dutzendteich und Rangierbahnhof wurde der Ring am 1. Oktober 1898 in Betrieb genommen). Jedenfalls: von einem »Aufschrei« in der Öffentlichkeit oder zumindest in den Medien, ansonsten hartnäckige Verfolger bahnbetrieblicher Streichmaßnahmen, ist nichts bekannt, als am **30. Mai 1992** der für die Öffentlichkeit zugelassene Dienst-Personenverkehr ein Ende fand. Zumindest an dieser Stelle soll er hiermit noch einmal Erwähnung finden.

Auch auf der Insel Rügen fand ein weitgehend unbeachtet gebliebener Dienstpersonenverkehr statt, und zwar zwischen dem **Bahnhof Bergen** (hier treffen die KBS 195 und 197 zusammen) und dem **Fährbahnhof**

Direkt neben den großen Verwaltungsgebäuden des Rangierbahnhofs Nürnberg endeten die Züge aus Nürnberg Hbf. In Nürnberg Rbf Ausfahrt wartet am 06.09.1985 der Zug aus Silberlingen mit Steuerwagen der Bauart BDnrzf 740 und Lok der Baureihe 141 auf die Rückfahrt. Elektrisch wird hier bereits seit 1939 gefahren.

Als Beispiel für Werkverkehre in der früheren DDR mag der Endbahnhof Poppendorf an der Strecke von Rostock über Bentwisch dienen. Zwei elektrifizierte Bahnsteiggleise und zahlreiche buntgefliese Wartehäuschen dienten hier den Arbeitermassen des 1981 auf grüner Wiese errichteten früheren VEB Düngemittelwerk Rostock. Am 25.09.1994 parken hier nur noch Tdgs-z-Waggons der heutigen Hydro Agri Rostock GmbH.

Mukran, der ansonsten von Reisezügen nicht planmäßig angefahren wird. Er wurde im Herbst 1986 aufgenommen, bedient wurden neben Lietzow die Stationen Mukran West, Mukran Mitte und Mukran Personenbahnhof. Zwar hatte noch die DDR-Reichsbahn »angedacht«, den Verkehr auch offiziell der Öffentlichkeit zugänglich zu machen, aber dazu kam es nicht. Die Züge fuhren bis **September 1995**.

Ähnlich still und leise lief auch der zur öffentlichen Nutzung nicht freigegebene Werkverkehr (Dienstpersonenverkehr) auf einigen weiteren Strecken aus, namentlich in den neuen Bundesländern. Damit einher ging hier jedoch – anders als im Falle Nürnberg – in der Regel die »Abwicklung« der entsprechenden Werke. Bekanntgewordenen sind folgende Fälle: **Raitzhain - Drosen** und **Raitzhain - Schmirchau Pbf** am **28. September 1991** (Raitzhain liegt an der KBS 540 bei Ronneburg in Thüringen, wo noch heute die Halden der Wismut-AG das Landschaftsbild prägen), in Mecklenburg die 7 km messende elektrifizierte Stichstrecke **Bentwisch - Poppendorf**, die bis zum **31. Dezember 1993** von verlängerten Läufen der S-Bahn Rostock angefahren wurde (Bentwisch liegt an der heutigen KBS 165), in der brandenburgischen Niederlausitz die zwischen Cottbus und dem Kraftwerk Jänschwalde verkehrenden Züge (bei genauer Betrachtung geht es um die 0,5 km zwischen den Halten **Jänschwalde Kraftwerk Bst. A - Kraftwerk Bst. B**, wo am **26. September 1992** die letzten Züge fuhren; die KBS 201 Cottbus - Jänschwalde - Guben ist ja weiterhin in Betrieb), schließlich noch um die Strecke **Böhlen - Espenhain** in Sachsen. Hier jedoch war der de-facto-Werkverkehr im Kursbuch ausgewiesen und für die Öffentlichkeit zugelassen, so daß wir ihn im Hauptteil dieses Buches unter der KBS 534 behandeln.

Ein ähnlich schwieriges, weil letzlich kaum zu vervollständigendes Kapitel ist das Thema Sonderverkehre. Fassen wir die bekanntgewordenen Fälle in aller Kürze zusammen:

Auf öffentlichen, aber normalerweise nur dem Güterverkehr dienenden Gleisen pendelte vom 11. April bis **11. Oktober 1992** das »MüGa Wiesel«: Hier geht es um den Abschnitt **Mülheim/Ruhr Hbf - Mülheim-Speldorf** der Strecke Essen - Osterrath der Rheinischen Eisenbahngesellschaft (fertiggestellt am 1. September 1866), der heute ein Teilstück der bedeutenden Güterbahn von Bochum nach Duisburg-Wedau ist; im genannten Zeit-

Sowohl in Mülheim Hbf als auch in Mülheim MüGa wurden für das »MüGa-Wiesel« provisorische Bahnsteige an der Güterbahn errichtet. Auch die 140 816 und der alte Wasserturm wurden für die MüGa 92 speziell hergerichtet. Der reguläre Personenverkehr endete auf der Strecke Mülheim Hbf (damals noch Mülheim Stadt) - Mülheim-Speldorf bereits 1971. 1976 wurde die Strecke elektrifiziert.

DB-Logo und Bahnhofsschild »Friedrich-Franz-Bahnhof« hat der frühere Bahnhof Rostock Gbf schon erhalten. Hinter dem trostlosen Bau verbirgt sich der einst reich verzierte Bahnhof Rostock der ehemaligen Friedrich-Franz-Eisenbahn (siehe auch Kapitel »Verbindungskurven«). Im Hintergrund befährt am 08.05.1995 einer der neuen Niederflur-Gelenktriebwagen der Rostocker Straßenbahn die Brücke über das ehemalige Anschlußgleis zum Hafen.

229 199 ist am 30.09.1994 mit sieben modernisierten Doppelstockwagen und einer weiteren 229 im Haltepunkt Golfplatz Motzen eingelaufen. Bis 1970 konnte man an dieser Stelle noch den damaligen Haltepunkt Motzen Seebad mit regulären Zügen erreichen.

raum diente er als Zubringer zur nordrhein-westfälischen Landesgartenschau »MüGa 92«.

Zuletzt nur dem Güterverkehr dienende Gleise wurden im Herbst 1994 auch in Rostock planmäßig im Personenverkehr bedient. Hier geht es um das Streckenstück **Rostock Hbf - Rostock Gbf**. Hinter Rostock Gbf verbirgt sich der 1850 in Betrieb genommene Friedrich-Franz-Bahnhof, Rostocks ältester Bahnhof überhaupt. 1906 hatte der heutige Hauptbahnhof dessen Aufgaben im Personenverkehr endgültig übernommen (die 2,6 km lange Gleisverbindung zwischen beiden Stationen war am 1. Oktober 1896 in Betrieb genommen worden). Allerdings liegt der alte Friedrich-Franz-Bahnhof weit günstiger zur Innenstadt als der Hauptbahnhof, und da die Rostocker S-Bahn eine Verlängerung in die City plant(e), wurde in der Zeit vom 26. September bis **3. Oktober 1994** durch Verlängerung je eines S-Bahn-Zuges aus Warnemünde im Stundentakt über den Hauptbahnhof hinaus getestet, ob das Publikum den Friedrich-Franz-Bahnhof akzeptieren würde. Angeblich war die Resonanz gut, gehört hat man seitdem jedoch von dieser Geschichte nicht mehr viel.

Zum Schluß wird's sportlich. Für das Golfturnier »Mercedes German Masters« setzte die DB AG erstmals vom 30. September bis 3. Oktober 1994 zwei Sonderzugpaare täglich zwischen Berlin Zoologischer Garten und dem **Golfplatz Motzen** ein. Die aus sieben Doppelstockwagen und zwei Loks der BR 229 gebildeten »Sandwich«-Züge benutzten die Stadtbahn, nahmen dann Kurs Königs Wusterhausen und befuhren ab dort die Gleise der Königs Wusterhausen-Mittenwalde-Töpchiner Eisenbahn. Bei Motzen Seebad, nahe dem Endpunkt Töpchin des am 31. Dezember 1894 eröffneten Abschnitts von Mittenwalde (seit 1970 kein Personenverkehr mehr), ließ die DB, deren Chef Mitglied des ausrichtenden Clubs ist, einen neuen Haltepunkt Golfplatz Motzen mit Holzbahnsteig anlegen. Über Königs Wusterhausen fuhr man auch zu den »German Masters« (Hauptsponsor Mercedes hatte sich inzwischen zurückgezogen) vom 5. bis **8. Oktober 1995**. 1996 hingegen brummten die Züge über Zossen und ab dort auf die Töpchiner Bahn. Für deren Abschnitt **Königs Wusterhausen - Mittenwalde Ost** scheint somit das Thema Personenverkehr wieder beendet zu sein.

Literatur

Dieses Literaturverzeichnis umfaßt nur die grundlegenden der tatsächlich benutzten Bücher und die umfassenderen Aufsätze. Der Umfang der insgesamt vorhandenen Literatur ist nämlich längst reichlich unübersichtlich geworden.

Nachfolgend nicht einzeln erwähnt sind auch die zahllosen Meldungen und Kurzberichte in den Zeitschriften »Eisenbahn-Magazin«, »Eisenbahn-Journal«, »Eisenbahn-Kurier«, »Eisenbahn-Revue International« und vielen anderen. Gleichwohl waren diese Informationen unverzichtbar für die Zusammenstellung der vorliegenden Publikation. Daß zudem die Arbeit der Autoren ohne die jeweiligen Kursbücher von Deutscher Bundesbahn, Deutscher Reichsbahn und Deutscher Bahn AG unmöglich gewesen wäre, versteht sich von selbst.

Übergreifende Darstellungen

Bahn-Special 1/95: Eisenbahn-Metropole Berlin, München 1995

Bley, Peter: Brücken und Kurven für den Warschauer Pakt, in: Eisenbahn-Magazin 11/1994

Deutsche Reichsbahn (Hg): Die Deutschen Eisenbahnen in ihrer Entwicklung 1835-1935, Berlin 1935

Fiegenbaum, Wolfgang/Klee, Wolfgang: Abschied von der Schiene – Stillgelegte Bahnstrecken im Personenzugverkehr Deutschlands, Band I 1980-1985, Stuttgart 1988, Band II 1986 - 1990, Stuttgart 1991

Harrer, Kurt: Eisenbahnen an der Saar, Düsseldorf 1984

Hoppstädter, Kurt: Die Entstehung der saarländischen Eisenbahnen, Saarbrücken 1961

Kirsche, Hans-Joachim: Bahnland DDR, Berlin 1990

Kufahl, Andreas/Alteneder, Wolfram: Die Nebenbahnen der BD Nürnberg, Bonn 1986

List, Wolfgang: Die Kleinbahnen der Altmark, Berlin (Ost) 1979

Mayer, Arthur von: Geschichte und Geografie der deutschen Eisenbahnen, Nachdruck Moers 1984

Preuß, Erich: Band »Brandenburg/Mecklenburg-Vorpommern« in der Reihe »Archiv deutscher Klein- und Privatbahnen«, Berlin 1994

Rammelt, Hans-Dieter: Band »Thüringen/Sachsen« in der Reihe »Archiv deutscher Klein- und Privatbahnen«, Berlin 1994

Roggenkamp, Helmut: Jahrbuch Schienenverkehr, Ausgaben 9-14, Stuttgart bzw. Nordhorn 1990-1995

Rossberg, Ralf Roman: Grenze über deutschen Schienen, Freiburg 1980

Wiedemann, Albert: Die sächsischen Eisenbahnen in historisch-statistischer Darstellung, Leipzig 1902

Wolff, Gerd: Die Privatbahnen in der Bundesrepublik Deutschland, Freiburg 1984

Wolff, Gerd/Menges, Hans-Dieter: Deutsche Klein- und Privatbahnen, Band 2 Baden, Freiburg 1992, Band 3 Württemberg, Freiburg 1995

Zeitler, Walther: Eisenbahnen in Niederbayern und der Oberpfalz, Weiden 1985

Zu einzelnen Strecken

125 Berger, Manfred: Historische Bahnhofsbauten, Band II, Berlin (Ost) 1987

154 Rittig, Franz: Das Ende des Kaffeebrenners, in: Modelleisenbahner-Special »Die faszinierendsten Bahnlandschaften – Mecklenburg-Vorpommern«, Stuttgart 1995

163 Wasser,Hilde und Rolf: Beiträge zur Geschichte der Werkseisenbahnen der Firmen Wolff Walsrode AG und der ehemaligen EIBIA GmbH für chemische Produkte, Bomlitz 1986

223 Rettig, Wilfried: Eisenbahnknoten Görlitz, Egglham 1984

261 Walter Menzel: Die Brandenburgische Städtebahn, Berlin (Ost) 1984

386 Rogl, Hans Wolfgang: Knoten Sulingen, in: Eisenbahn-Magazin 12/1993

401 Frielingsdorf, Joachim: Ottenbruch und Mirke, Zur Geschichte der Rheinischen Eisenbahnstrecke des Wuppertals, Wuppertal 1990

451 Schweers, Hans/Wall, Henning: Eisenbahnen rund um Aachen, Aachen 1993

477 Höpfner, Hans-Paul: Eisenbahnen, ihre Geschichte am Niederrhein, Duisburg 1986

482 Weingarten, Helmut: Die Eisenbahn zwischen Rhein und Erft, Köln 1987

534 Neddermeyer, Bernd: Einstellung der Rohkohleförderung im Tagebau Espenhain, in: Lok-Report 7/1995

548 Petrak, Andreas: Nebenbahnen im Reußischen Oberland, in: Lok-Report 8/1994

592 Lauerwald, Paul: Die Eisenbahnstrecke Berga-Kelbra - Stolberg (Harz), Berga-Kelbra 1990

602 Preuß, Erich: S-Bahnen in den neuen Ländern, in: Bahn-Special 4/95, Regional und S-Bahnen

603 Fromm, Günter: Die Kanonenbahn, Strecke Leinefelde - Eschwege, Erfurt 1991

Lauerwald, Paul: Die Eisenbahn im Eichsfeld, Heilbad Heiligenstadt 1988

605 Schuster-Wald, Dieter: Interzonenverkehr Eisenach - Bebra, Freiburg 1996

607 Rockstuhl, Harald (Hg): Die Nessetalbahn, Heft 13 der Hainich-Heimathefte, Bad Langensalza 1991

634 Grimm, Fritz: Die neue Bundesbahndirektion Saarbrücken, in: Die Bundesbahn, Heft 3/1960
782 Löttgers, Rolf: Im GmP nach Ohrnberg, in: Eisenbahn-Magazin 4/1994
858 Sandner, Jürgen: Das Eslarner Bockl, in: Eisenbahn-Magazin 1/1994
851 Zintl, Robert: Das Thurnauer Bockela, Kulmbach 1986
866 Bürnheim, Hermann: Die Regentalbahn, Fürstenfeldbruck 1978
907 Neue Chance für die Staudenbahn? in: Eisenbahn-Journal 7/1995
11031 Siegfried Bufe: Zahnradbahnen in Bayern, München 1977

Bildnachweis

Gerhard Bank: Titel
Dr. Gisela Bartling: 127 u.
Tino Eisenkolb: 29 o., 35, 42 u., 54 u., 55 u., 56, 68, 96, 97, 100 o., 104, 122, Rücktitel
Ralph Meyer: 51 u., 52 o., 64 u., 93, 109, 125 u., 127 o., 132, 133 o., 136 o., 157, 158, 190
Erich Preuß: 189
Heinz Sickert: 174 o.
Thomas Splittgerber: 14
Gerd Spreepils: 198
Karl-Heinz Sprich: 125 o.
Manfred Weisbrod: 186
Rainer Wittbecker: 19, 34, 49, 61 u., 80 o., 81, 99, 100 u., 119, 121, 134 o.
Uli Zigan: 53 u., 88, 89 o. 180 u.

Alle übrigen Aufnahmen stammen von den Verfassern

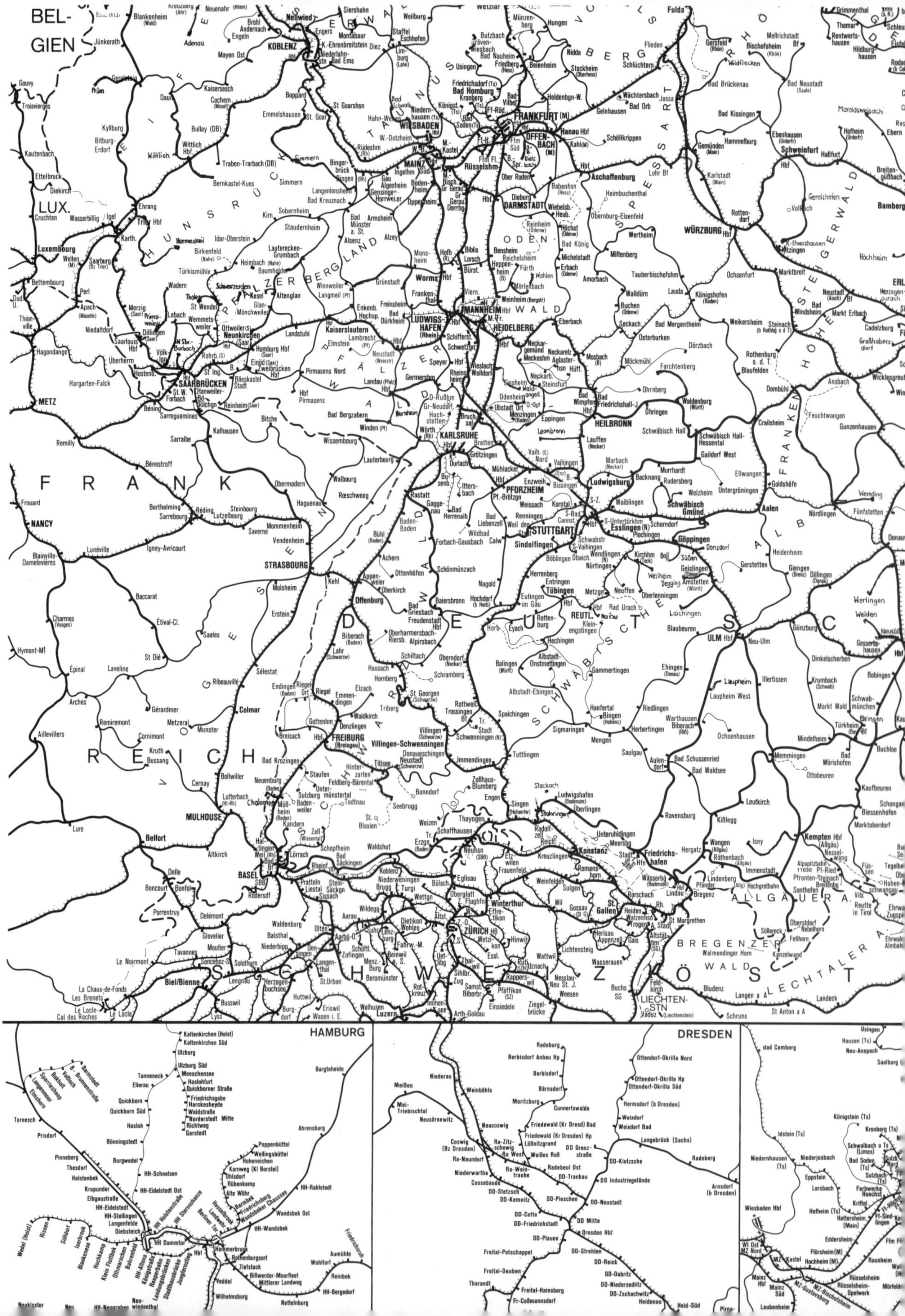
BEL-
GIEN
LUX.
FRANKREICH
DEUTSCH
ÖST
SCHWEIZ
LIECHTEN-
STN
HUNSRÜCK
EIFEL
TAUNUS
VOGELSBERG
SPESSART
RHÖN
ODENWALD
PFÄLZER BERGLAND
PFÄLZER WALD
SCHWARZWALD
SCHWÄBISCHE ALB
FRANKENHÖHE
STEIGERWALD
VOGESEN
ALLGÄUER A.
BREGENZER WALD
LECHTALER A.
Luxembourg
METZ
NANCY
STRASBOURG
Colmar
MULHOUSE
Belfort
BASEL
SAARBRÜCKEN
Kaiserslautern
KOBLENZ
WIESBADEN
MAINZ
FRANKFURT (M)
OFFEN-
BACH
DARMSTADT
Aschaffenburg
WÜRZBURG
Worms
MANNHEIM
LUDWIGS-
HAFEN
HEIDELBERG
HEILBRONN
KARLSRUHE
PFORZHEIM
STUTTGART
Ludwigsburg
Esslingen
Göppingen
Tübingen
REUTL.
ULM
Offenburg
FREIBURG
Villingen-Schwenningen
Konstanz
Friedrichs-
hafen
Kempten
Biel/Bienne
ZÜRICH
Winterthur
St Gallen
Luzern
HAMBURG
DRESDEN